Entwicklungsgeschichte der Prothallien von Equisetum silvaticum L. und Equisetum palustre L.

Mit 29 Textabbildungen und Tafel 1—10

Inaugural - Dissertation

zur Erlangung der Doktorwürde

der Hohen Philosophischen Fakultät

der Universität Marburg

vorgelegt von

Johannes Rumberg

aus Bernsbach (Erzgeb.)

Springer-Verlag Berlin Heidelberg GmbH

1931

Als Dissertation angenommen am 28. Januar 1931
Referent: Professor Dr. P. Claussen
Tag der mündlichen Prüfung: 28. Januar 1931
Gedruckt mit Genehmigung der Fakultät

Additional material to this book can be downloaded from http://extras.springer.com

ISBN 978-3-662-40909-1   ISBN 978-3-662-41393-7 (eBook)
DOI 10.1007/978-3-662-41393-7

Sonderabdruck aus
„Planta" Archiv für wissenschaftliche Botanik. Bd 15, Heft 1/2

Inhaltsübersicht.

A. Historische Einleitung.

Im 18. Jahrhundert hat man sich bereits mit den eigentümlichen
Equisetum-Sporen beschäftigt und sie wiederholt für Pollenkörner gehalten. Trotzdem Anfang des 19. Jahrhunderts verschiedentlich Keim-
versuche angestellt wurden, kam man von den alten Anschauungen nicht
los, selbst dann nicht, als Thuret die Antheridien entdeckte. Die ersten
umfassenderen Beobachtungen stammen von Milde (1867), der in seiner
Arbeit auch einen ausführlichen geschichtlichen Teil bis zum Jahre 1867
veröffentlicht. Ungefähr zur selben Zeit werden von Hofmeister zum
erstenmal die Archegonien erkannt und beschrieben. Von 1875 ab erfolgen verschiedentlich Mitteilungen von Sadebeck, namentlich über
Antheridienentwicklung und Embryologie. 1887 erscheinen die Unter-
suchungsergebnisse von Buchtien. Er bringt zum Teil recht gute Be-
schreibungen der Sporen, ihrer Keimung und der Prothalliumentwicklung. Als Aussaatsubstrat benutzte er sorgfältig sterilisierten Lehm.
Obwohl er schon häufig zwittrige Vorkeime fand, nimmt er Diözie als
normal an. Ich verweise noch auf den bis zum Jahre 1884 reichenden
historischen Überblick in der Buchtienschen Arbeit. In den folgenden
Jahren sind anscheinend nur wenig Untersuchungen über die Gesamt-
entwicklung des Thallus angestellt worden. Kny berichtet 1896 über den
Einfluß äußerer Faktoren auf die Lage der ersten Wand und Schulz
1902 über die Einwirkung des Lichtes auf die Keimfähigkeit. Er führt
ihre kurze Dauer auf das Fehlen von Nährstoffen in der Spore zurück.
1900 stellt Sadebeck in den „Natürlichen Pflanzenfamilien" von Engler und Prantl seine eigenen Beobachtungen und die der anderen
Untersucher zusammen. Dabei bleibt noch manche Frage über das Prothallium und vor allen Dingen über die Meristementwicklung ungeklärt.
1911 erscheinen zwei Arbeiten von Perrin und Ludwigs. Perrin hat
eine längere Keimfähigkeitsdauer bei feuchter Aufbewahrung der Sporen
festgestellt. Die männlichen Prothallien beschreibt er als gefingerte, die

weiblichen als herzförmige Gebilde. Im übrigen betont er das häufige Auftreten von zwittrigen Prothallien. Ludwigs beschäftigt sich mit der Entwicklung des Prothalliums überhaupt nicht. Er untersucht genauer den Vorgang der Öffnung der Antheridien und die Geschlechtsbeeinflussung durch Änderung der Ernährungsbedingungen. Außerdem macht er Angaben über Regeneration und über Knöllchenbildung der Prothallien. Von 1914 ab erscheinen Mitteilungen über zwei außereuropäische Formen, *Equisetum debile* von Kashyap und *Equisetum laevigatum* von Walker. Kashyap benutzte zur Beobachtung der ersten Keimstadien kultiviertes Material. Für die Untersuchungen der älteren Stadien arbeitete er mit Prothallien, die er im Freien gefunden hatte. Dabei stellte sich ein auffallender Unterschied heraus. Die im Freien gefundenen waren fast kreisrund, besaßen zahlreiche, senkrecht auf der Rückenseite sitzende, niedrige Lappen und ein Meristem längs des Randes. Einige Jahre später erzielte Kashyap in Kulturen mit weiter Sporenaussaat Prothallien von demselben Habitus. Der scheinbar jetzt bestehende Unterschied zwischen tropischen und europäischen Arten wurde hinfällig, als Claussen 1920 ähnliche Gebilde von *Equisetum arvense* (vermutlich) sammelte, die 1924 von Mäckel ausführlich untersucht wurden. 1928 erschienen wieder mehrere Arbeiten: Campbell beschäftigte sich mit dem Embryo von *Equisetum debile*, Sethi gab von derselben Art eine Beschreibung der Geschlechtsorgane, des Embryos und der Befruchtung. Beide arbeiteten mit Material, das sie im Freien gesammelt hatten. Schratz veröffentlichte in demselben Jahr seine Untersuchungen über die Geschlechtsverteilung bei *Equisetum arvense*. Bei guten Ernährungsbedingungen (Anlegen von Einzelkulturen) erreichte er dieselben üppigen Formen, die im Freien gefunden wurden. Auf ihre Entwicklungsgeschichte geht er nicht ein. Er hält es für am wahrscheinlichsten, daß die Prothallien monözisch sind.

Während bisher die Autoren ihr kultiviertes Material auf Lehm, Torf oder Humus zogen, wurde in der vorliegenden Arbeit der Versuch gemacht, die Prothallien auf Agarnährböden zu züchten. Es sei schon vorweg genommen, daß ich mit dieser Methode entgegen früheren Behauptungen gute Ergebnisse gehabt habe. Nach einer kurzen Beschreibung der ersten Keimstadien von *Equisetum silvaticum* und *Equisetum palustre* folgen Schilderungen mehrerer Entwicklungsgänge beider Arten. Im zweiten Teil der Arbeit wird auf Meristem und Sexualorgane näher eingegangen.

B. Technische Erörterungen.

1. Sporengewinnung.

Die zu meinen Untersuchungen verwandten Sporen von *Equisetum palustre* stammten aus dem Botanischen Garten, die von *Equisetum silvaticum* aus der Umgebung von Marburg. Um die Infektion der Kulturen mit Bakterien, Algen und Pilzen zu vermeiden, war ich schon beim Sammeln der Sporen sehr vorsichtig. Die reifen Sporangien steckte ich in kleine sterilisierte Reagenzgläser, die mit einem Wattebausch verschlossen waren. Bei leichtem Anklopfen fielen die Sporen heraus und sammelten sich auf dem Boden des Reagenzglases. Auf diese Weise konnten Verunreinigungen vermieden und die Sporen vor Infektion von außen geschützt aufbewahrt werden.

2. Nährböden.

Ich habe zunächst einige Kulturversuche auf Erde (Lehm) angestellt. Trotzdem ich diese vorher sterilisierte, gingen diese Keimpflanzen durch reichliches Auftreten von Algen und Pilzen zugrunde. Ich legte auf diese Versuche keinen allzu großen Wert, da es mir bei meiner Arbeitsweise darauf ankam, ein und dasselbe Prothallium längere Zeit hindurch in seiner Entwicklung zu verfolgen. Um dies zu ermöglichen, wurden feste Agar-Agarnährböden benutzt, die folgende Zusammensetzung hatten (DÖPP 1927, S. 4).

1. Agarnährböden mit Nährlösung nach ARTHUR MEYER:

Agar-Agar . . . . 20,0 g
KH_2PO_4. . . . . 1,0 „
NH_4NO_3 . . . . 1,0 „
$MgSO_4$ . . . . 0,3 „
$CaCl_2$ . . . . 0,1 „
NaCl . . . . 0,1 „
$FeCl_3$ . . . . 0,01 g
Aqua dest. bis zu 1000 ccm.

2. Agarnährböden mit Nährlösung nach KNOP:

Agar-Agar . . . . 20,0 g
$Ca(NO_3)_2$ . . . . 1,0 „
KCl . . . . 0,25 g
$MgSO_4$ . . . . 0,25 „
KH_2PO_4 . . . . 0,25 „
$FeCl_3$ . . . . 0,01 „
Aqua dest. bis zu 1000 ccm.

Im ersten Jahr wurden außerdem einige Kulturen angelegt, die nur den fünften Teil der oben angegebenen Nährsalze enthielten. Die Nährböden wurden nach zweimaliger Sterilisation in sterile Petrischalen von 70 mm Durchmesser und 20 mm Höhe 5—10 mm hoch eingefüllt und nach dem Erstarren beimpft.

3. Sporenaussaat.

Zur Aussaat der Sporen benutzte ich eine Platinnadel, die ich durch Glühen sterilisierte. Mit ihrer Spitze wurde eine Anzahl der durch die Elateren leicht zusammenhängenden Sporen aus dem Reagenzglas herausgeholt. Dann öffnete ich vorsichtig den Deckel der Petrischale und brachte durch leichtes Klopfen an der Platinnadel die Sporen auf den Nährboden. Unter dem Mikroskop wurde nachgeprüft, ob sie sich gleichmäßig verteilt hatten. Bei den ersten Kulturen legte ich Wert darauf, möglichst dünne Aussaaten zu erhalten, so daß die Sporen immer einen gewissen Abstand voneinander hatten und sich bei der Prothalliumentwicklung nicht gegenseitig im Wachstum störten. Ich mußte feststellen, daß unter diesen Bedingungen die Sporen sehr langsam und unregelmäßig keimten, und daß die Keimlinge häufig sogar das Wachstum ohne ersichtlichen Grund völlig einstellten, während Kulturen mit dicht ausgesäten Sporen bessere Ergebnisse lieferten. Ferner habe ich beobachtet, daß die Prothallien auf einer dünnen

Agarschicht in Schalen von der oben angegebenen Größe günstigere Wachstumsbedingungen haben. Nachteilig ist allerdings das schnelle Austrocknen des Nährbodens.

4. Haltung der Kulturen.

Wesentlich für die Sporenkeimung und die Prothallienentwicklung ist die
Stellung der Schalen zum Licht. Sie wurden an verschiedenen Orten gehalten
und alle so gekennzeichnet, daß sie stets dieselbe Lage zum einfallenden Licht
behielten. Im ersten Sommer standen die meisten Kulturen an einem Südfenster
meines Arbeitsraumes. Es stellte sich bald heraus, daß zu starkes Sonnenlicht,
vor allem während der Mittagsstunden, schädlich wirkt, weil es zu hohe Temperatur in den Schalen erzeugt. Deshalb wurden die Kulturen nur einige Stunden
am Tag der direkten Belichtung ausgesetzt. Mehrere Schalen hatte ich auch an
einer geschützten Stelle im Freien stehen, und einzelne wurden dauernd nur recht
mangelhaft beleuchtet. Im zweiten Sommer habe ich noch weitergehende Versuche mit der verschiedensten Beleuchtung angestellt. Über die einzelnen Ergebnisse werde ich bei der Sporenkeimung berichten.

Die Nährböden waren nach einigen Monaten oft sehr stark ausgetrocknet.
Ich feuchtete sie nach der im hiesigen Institut üblichen Methode an, indem ich
einige Agarstückchen aus der Kultur herausschnitt und die Löcher mit abgekochtem Wasser füllte, oder indem ich die Kulturen von oben mit einem Zerstäuber bespritzte. Das letzte Verfahren hat noch den Vorteil, daß dadurch die
Befruchtung gefördert wird. Ich erzielte auch gute Ergebnisse mit Umpflanzen
einzelner Prothallien auf einen neuen Nährboden. Einige erreichten dabei eine
Größe von 10—15 mm.

5. Mikroskopische Beobachtung.

Die Kulturschalen wurden entdeckelt zur Beobachtung der Sporen und Prothallien auf den Objekttisch des Mikroskops gestellt und zum Schutz vor Austrocknung und Infektion mit einer Glasplatte bedeckt, die eine Öffnung hatte,
in die gerade das Objektiv hineinpaßte. Die Nährböden lassen so viel Licht durch,
daß man auch mit stärkeren Systemen arbeiten und photographische Aufnahmen
machen kann. Ich benutzte für meine Untersuchungen ein ZEISSsches Mikroskop
und nahm zur Beobachtung der Entwicklungsreihen Objektiv D und Okular 4.
Die Prothallien wurden mit einem Zeichenapparat aufgenommen. Für die Mikroaufnahmen verwendete ich einen Photoaufsatz für das Mikroskop von der Firma
BUSCH.

Ich habe ungefähr bei 100 jungen Vorkeimen mit der Beobachtung begonnen.
Davon wurden eine ganze Anzahl schon bald nach der Keimung durch das Auftreten von Algen und Pilzen zerstört. Ein anderer Teil wurde durch das dauernde
Beobachten im Wachstum beeinträchtigt. Oft bildeten sich Lappen aus, die in
die Höhe wuchsen, oder der ganze Thallus krümmte sich nach oben. Solche
Exemplare waren für die Anfertigung einer Entwicklungsserie nicht mehr günstig
und eigneten sich besonders nicht zum Zeichnen. Etwa 10—15 Prothallien konnte
ich in ihrer Entwicklung bis zu einer ansehnlichen Größe verfolgen und wiederholt aufnehmen. In alle Figuren wurde die Analyse des Zellnetzes eingezeichnet
und durch verschiedene Markierung der Wände deutlich hervorgehoben. Schwierigkeiten bereitete das Wiederauffinden der zum Zeichnen bestimmten Objekte
in den Schalen. Von allen Verfahren hat sich das Anfertigen von Plänen am
besten bewährt. Dünne sterile Glasfäden wurden in die Kulturen gebracht und
ihre Lage zu den einzelnen Prothallien in einen Plan eingezeichnet.

6. Fixierung und Färbung.

Zum Fixieren habe ich eine Mischung von 1 g Chromsäure, 3 g Eisessig und 96 ccm Aqua dest. verwendet. Gefärbt habe ich die Totalpräparate mit Hämalaun und die Schnitte mit Hämatoxylin nach HEIDENHAIN unter Gegenfärbung mit Eosin-Nelkenöl. Ich stellte die Schnitte in einer Dicke von 7, 10, 15 und 20 μ her.

C. Ergebnisse der Untersuchungen an Prothallien von Equisetum silvaticum und Equisetum palustre.

1. Allgemeines über Sporen, Sporenkeimung und erste Keimstadien.

Über Bau und Entwicklung der Equisetensporen ist schon verschiedentlich berichtet worden. Namentlich die Sporenhülle hat Anlaß zu öfteren Untersuchungen gegeben. In der neueren Literatur wird von vier Häuten gesprochen: den „Elateren" (als äußerster Haut), der „Mittelhaut", „Innenhaut" oder „Exospor" und der „Intine". Die drei äußeren Häute sind leicht nachzuweisen, schon bei einfacher Behandlung mit Jodjodkalium. Die Intine kann man bei frischen Sporen ohne Anwendung von chemischen Hilfsmitteln nur schwer feststellen (vgl. SANIO 1856). Bei 2 Tage alten, in Brunnenwasser kultivierten Sporen ließ sich mit Chlorzinkjod eine deutliche, blau gefärbte Membran unter den drei äußeren, zum Teil schon zersprengten Häuten wahrnehmen. Die sehr dünne Intine hatte wahrscheinlich bereits an Dicke zugenommen. Die Reaktion zeigt, daß die Intine aus Zellulose besteht. Auch die inneren Elaterenschichten wurden durch Chlorzinkjod violett gefärbt, aber die oberen, besonders die der spatelförmigen Enden, braun. Die Elateren bestehen also aus einer Zellulose- und einer Kutikularschicht. Die anderen beiden Sporenhäute zeigen keine Zellulosereaktion. Die reifen Sporen enthalten außer zahlreichen Chlorophyllkörnern einen großen Zellkern. Die Keimung erfolgt, bald nachdem man die Sporen auf Wasser, Erde oder Agarnährboden ausgesät hat. Dabei beobachtet man zunächst eine starke Größenzunahme. Während der Durchmesser der trockenen Sporen in einem bestimmten Falle im Durchschnitt (10 Messungen) 37—38 μ betrug, war er in wenigen Minuten bis auf durchschnittlich 52 μ (10 Messungen) gestiegen. GISTL (1929) hat bei einer großen Anzahl von Sporen die Größenzunahme in ihrer Abhängigkeit von Kulturflüssigkeiten verschiedenen osmotischen Druckes genau studiert. Ich brauche deshalb hierauf nicht näher einzugehen. Auch die ersten Keimstadien sind vielfach beschrieben worden (MILDE 1852, SADEBECK 1878, BUCHTIEN 1887). Man hat als erste Anzeichen der Keimung bei genauer Untersuchung beobachtet, daß die runden Chlorophyllkörner länglich werden, sich einschnüren und sich schnell vermehren. Schon auffallender ist die Ablösung der Elateren und das Zerreißen der nächsten beiden Sporenhäute, die dann in manchen Fällen anschließend gleich abfielen oder auch noch längere Zeit der ersten Prothalliumzelle anhafteten. In solchen Fällen konnte ich nach Behandlung mit Jodjodkalium sehr gut die Mittelhaut und die Innenhaut unterscheiden. Das Abwerfen der beiden Sporenhäute geschieht meistens gleichzeitig, nur selten habe ich die Innenhaut allein in den Kulturen gefunden (vgl. HOFMEISTER 1852).

Die ursprünglich fast kreisrunde Spore ist jetzt größer geworden und hat eine andere Gestalt angenommen. Auf der dem Licht abgekehrten Seite bekommt sie einen kleinen Höcker, der durch eine uhrglasförmige Wand von der Prothalliumzelle abgetrennt wird und wenig später zur ersten schlauchförmigen Haarwurzel auswächst. Der Höcker und die erste Wand können auch schon auftreten, bevor die drei Sporenhäute ganz abgeworfen sind. Der Krümmungsradius der ersten Teilungswand ist nicht bei allen keimenden Sporen gleich groß. GISTL (1928) hat gezeigt, in welcher Weise das Maß der Krümmung vom osmotischen Druck der Kulturflüssigkeit abhängig ist. Je konzentrierter die Lösung, um so flacher ist die Krümmung. Tafel I zeigt in Abb. 1 eine in konzentrierter Nährlösung gekeimte Spore und in Abb. 3 eine solche in Brunnenwasser.

Auf die weitere Entwicklung haben Beleuchtung und Ernährung bedeutenden Einfluß. In Kulturen, die dauernd ohne Licht waren, kam ein großer Prozentsatz der Sporen überhaupt nicht zur Keimung. Die übrigen bildeten Keimlinge mit nur zwei bis drei Zellen. Direktes Sonnenlicht hatte auch nicht den günstigsten Einfluß. Besonders *Equisetum silvaticum* war in dieser Beziehung sehr empfindlich. Am besten entwickelten sich die Prothallien an einem Nordfenster (Sommer 1930). Dort hatten sie den ganzen Tag über gutes Licht, waren aber vor direkten Sonnenstrahlen geschützt. Wesentlich war vor allen Dingen, daß die Schalen, besonders die mit jungen Prothallien, immer wieder an denselben Platz gestellt wurden. Die Vorderseite mußte stets dem Licht zugewandt sein. Die Notwendigkeit dieser Maßnahme kommt überzeugend zum Ausdruck bei soeben gekeimten Sporen. Das erste Rhizoid bildet sich nämlich immer auf der vom Licht abgewandten Seite, während das Wachstum des Prothalliumkörpers zum Lichte hin erfolgt. Durch geeignete Neigung der Schalen gegen die Horizontale erreichte ich, daß die Prothallien dem Substrat flach auflagen, wenigstens bis zu einem gewissen Zeitpunkt, worüber ich später noch sprechen werde. Ich habe im 2. Jahr des öfteren Versuche darüber angestellt, ob man durch Wechseln des Standorts oder durch verschiedenartige Beleuchtung Unterschiede in der Entwicklung oder gar in der Form der Prothallien erzielen könnte. Irgendwie bemerkenswerte Ergebnisse hatte ich nicht. Bei wenig beleuchteten Kulturen zeigte sich lediglich ein langsameres Wachstum, und bei Dunkelheit trat nach einiger Zeit völliger Stillstand ein. Zusammenfassend sei daher gesagt, daß Kulturen mit keimenden Equisetensporen an einem Standort aufzustellen sind, der den ganzen Tag über gute Beleuchtung hat, vor direkten Sonnenstrahlen aber geschützt ist.

Wesentlich anders ist der Erfolg bei. Änderung der Ernährungsbedingungen. LUDWIGS (1911) hat bei seinen Versuchen mit Nährlösungen gearbeitet, denen ein wichtiger Bestandteil fehlte und konnte dadurch Bildung und Auftreten der Geschlechtsorgane beeinflussen. Ich habe mich zunächst darauf beschränkt, einen Unterschied in der Keimung und in den ersten Keimstadien festzustellen bei Anwendung von vier verschiedenen Kulturflüssigkeiten: 1. Aqua dest., 2. Brunnenwasser, 3. Nährlösung nach A. MEYER, 4. 2,5fache konzentrierte Nährlösung nach A. MEYER. Die Sporen (*Equisetum palustre*) wurden am 9. VI. 1930 15.15 Uhr gesammelt und 18.15 Uhr ausgesät. Die Kulturen wurden im Arbeitszimmer an einem Nordfenster aufgestellt. Der Versuch zeigte, daß die Sporen in allen vier Kulturflüssigkeiten keimten. In Aqua dest. starb schon frühzeitig ein großer Prozentsatz ab, ehe überhaupt eine Größenveränderung der Sporen eingetreten war. Nach 4 Tagen war bei einigen Sporen Wandbildung zu beobachten. Bei den meisten aber hatte sich das Chlorophyll in der Mitte zusammengeballt. Sie waren im Absterben begriffen. In Brunnenwasser entwickelten sich die ersten Stadien ziemlich schnell, die Rhizoiden wurden besonders lang. In Nährlösung waren die Rhizoiden kleiner, häufig entstand sofort ein körperliches Prothallium (für die später zu besprechenden Entwicklungsreihen wurden deshalb die Prothallien auf Agarböden kultiviert, die nur den 5. Teil der Nährsalze entlielten). In konzentrierter Nährlösung war nur langsames Wachstum zu beobachten, gelegentlich bei starker Konzentration vollkommener Stillstand und Absterben (Versuch am 26. V. 1930). Die Rhizoiden waren hier besonders klein. Bei Wasserkulturen sank ein großer Teil der ausgesäten Sporen zu Boden und blieb aus Sauerstoffmangel in der Entwicklung zurück. BUCHTIEN (1887) behauptet, daß untergetauchte Sporen sich besser entwickeln. Ich finde aber meine Beobachtung bei DE VRIES (1918) bestätigt, der mit Kleesamen systematisch Versuche in dieser Richtung angestellt hat. Auch bei älteren Prothallien ist die Ernährung nicht ohne Einfluß auf die Entwicklung. Ich komme darauf später noch einmal zurück.

Ich möchte an dieser Stelle noch kurz die Frage streifen, wie lange die Sporen ihre Keimfähigkeit behalten. BUCHTIEN (1887) gibt an, daß nur bis 20 Tage alte Sporen noch entwicklungsfähig gewesen sind. Das wäre wenig im Vergleich zur Dauer der Keimfähigkeit mancher Farnsporen, die jahrelang erhalten bleibt (vgl. DÖPP 1927). Auch die Keim*zeit* ist abhängig von dem Alter der Sporen. Ich habe Sporen von *Equisetum silvaticum* am 16. VII. 1929 vormittags gesammelt und einige sofort ausgesät. Die übrigen wurden in einem sterilen Glasröhrchen aufbewahrt und alle 3 Tage wieder einige von ihnen zur Aussaat gebracht. In einer Tabelle habe ich das Datum der Aussaat und den Beginn der Keimung eingetragen.

Tag der Aussaat	Tag der Keimung	Alter der Spore	Keimzeit
16. VII.	17. VII.	0 Tage	17 Stunden
19. VII.	21. VII.	3 „	40 „
22. VII.	24. VII.	6 „	2 Tage
25. VII.	28. VII.	9 „	3 „
28. VII.	1. VIII.	12 „	4 „
31. VII.	4. VIII.	15 „	4 „
3. VIII.	8. VIII[1].	18 „	5 „
6. VIII.	— —	21 „	— —

Ehe ich zur Besprechung eines ganzen Entwicklungsganges übergehe, möchte ich noch kurz auf die verschiedenen Möglichkeiten der ersten Wandbildungen eingehen. Nach der ersten, uhrglasförmigen Wand kann sich die zweite genau senkrecht zu ihr bilden, wie in Abb. 5 auf Tafel I (2 Tage altes Keimstadium). Jede Tochterzelle kann sich jetzt wie in Abb. 8 entweder selbständig weiter entwickeln nach dem Gesetz der rechtwinkligen Schneidung, oder es bleibt die eine Zelle im Wachstum zurück (Abb. 7). Wand 2 wird dabei durch die rechte fortwachsende Zelle beiseite gedrängt. Es hat sich bereits eine neue Wand 3, die rechtwinklig auf 2 steht, gebildet. Eine andere Möglichkeit zeigen Abb. 6, 11 und 12. Hier wird die primäre Prothalliumzelle durch eine Wand geteilt, die parallel zu der uhrglasförmigen verläuft. Auch die nächsten Wände können wieder parallel dazu gebildet werden, wie es in Abb. 12 bereits 4 sind. Das ganze hat dann den ausgesprochenen Charakter eines Zellfadens. Es kommt auch vor, daß die 3. Wand senkrecht auf 2 steht (Abb. 6). Es kann ein gleichmäßiges Wachstum beider Tochterzellen einsetzen (Abb. 10), oder die Tochterzellen können sich getrennt weiter entwickeln, so daß eine Gabelung entsteht (Abb. 11). In dieser sind in den beiden Gabelästen schon 3 zur ersten parallele Wände aufgetreten. Abb. 13 zeigt einen besonderen Fall. Durch anomale Beleuchtung oder durch Auftreten eines Hindernisses auf dem Substrat erfolgte das Wachstum zuerst nach links und dann nach rechts vom primären Rhizoid aus. Die bisher angeführten jungen Vorkeime hatten ein mehr flächenförmiges, in manchen Fällen sogar fadenförmiges Aussehen. Ich fand sie hauptsächlich in den Kulturen von *Equisetum silvaticum*, während für *Equisetum palustre* schon frühzeitig körperlich aussehende Prothallien charakteristisch sind. In Abb. 14 und 15 handelt es sich um 10 Tage alte Vorkeime von *Equisetum palustre*, bei denen die körperliche Form schon deutlich zum Ausdruck kommt. Die Zellkomplexe 1, 2 und 3 in Abb. 14 und 1 und 2 in Abb. 15 haben sich aus den darunterliegenden primären Prothalliumzellen entwickelt. Abb. 9 zeigt einen ähnlichen Fall bei *Equisetum silvaticum*. Es hat sich hier bereits ein zweites Rhizoid ge-

---

[1] Viele Sporen keimten bereits nicht mehr.

bildet, obwohl das Prothallium erst 5 Tage alt ist. *Equisetum variegatum* zeichnet sich durch bedeutend größere Zellen aus. Außerdem ist schon von Anfang an eine reichliche Verzweigung charakteristisch (vgl. STREY)[1]. Ich schließe mich dem Urteil früherer Untersucher an, daß Beleuchtung und Ernährung für die verschiedene Entwicklung maßgebend sind, verweise aber gleichzeitig auf die obige Aussage, daß ich bei *Equisetum palustre* in den meisten Fällen die körperliche Form beobachtet habe, ganz gleich, ob die Kulturen gut oder schlecht ernährt wurden.

2. Weiterentwicklung der Prothallien.

a) Schilderung der fortlaufenden Beobachtung mehrerer Vorkeime.

aa) Equisetum silvaticum.

Jeder Schilderung eines Entwicklungsganges geht eine Tabelle voraus, aus der der Tag der Aufnahme und das Alter des Prothalliums zu ersehen ist. Für die erste Entwicklungsreihe habe ich ein Prothallium von *Equisetum silvaticum* gewählt, bei dem ich zwar die Beobachtung schon in einem sehr frühen Stadium abbrechen mußte, das aber dafür den Vorteil hat, die Entstehungsweise lückenlos und anschaulich zu zeigen.

Equisetum silvaticum (Taf. I, Abb. 1 a—15 a). Ausgesät am 29. V. 1929.

Abbildung	Tag der Aufnahme	Alter in Tagen	Abbildung	Tag der Aufnahme	Alter in Tagen
1 a	2. VI. 1929	4	9 a	17. VI. 1929	19
2 a	4. VI. 1929	6	10 a	19. VI. 1929	21
3 a	5. VI. 1929	7	11 a	21. VI. 1929	23
4 a	7. VI. 1929	9	12 a	23. VI. 1929	25
5 a	9. VI. 1929	11	13 a	25. VI. 1929	27
6 a	11. VI. 1929	13	14 a	27. VI. 1929	29
7 a	13. VI. 1929	15	15 a	29. VI. 1929	31
8 a	15. VI. 1929	17			

In Abb. 1a besteht das Prothallium aus 3 Zellen und einem Rhizoid. Die Zellwände liegen parallel zueinander. Die vordere Zelle vergrößert sich stark, es tritt eine parallele Wand auf, und außerdem wird in der primären Prothalliumzelle eine schräge Längswand gebildet (Abb. 2a). In Abb. 3 a hat sich die vorletzte Zelle längs geteilt und die Endzelle eine von der Mitte der basalen Wand in einem Bogen nach links verlaufende Wand bekommen. Von dieser aus bildet sich eine neue Membran nach der Spitze (Abb. 4 a, *a—a*). Nachdem noch eine Querwand hinzugekommen ist, haben wir statt der einen Endzelle nun 4 Zellen. Es setzt jetzt stärkeres Längenwachstum nicht nur an der Spitze ein, sondern auch die weiter zurückliegenden Partien strecken sich, so daß in Abb. 6a in der 3. Zelle drei neue Querwände zu sehen sind. Links von der mit *a—a* bezeichneten Wand — diesen Teil werde ich im folgenden mit Abschnitt I

---

[1] W. STREY, Dissertation. Marburg 1931.

und den rechten Teil mit Abschnitt II benennen — entstehen eine perikline und eine antikline Wand, während auf der rechten Seite nur zwei perikline auftreten (Abb. 6 a). Die Randzelle, die links außen liegt, wird in Abb. 7 a zweimal quer geteilt, dagegen der jetzt am vorderen Rand gelegene Abschnitt in Abb. 8 a längs. Ungefähr dasselbe geschieht mit der mittleren Randzelle — eine zweite Querteilung unterbleibt — so daß jetzt in Abb. 8 a in Abschnitt I an Stelle von zwei vier Vorderrandzellen getreten sind. Auch im Abschnitt II treten eine perikline und eine antikline Wand auf und außerdem zeigen sich in den weiter zurückliegenden Zellen verschiedene Querwände, deren Entwicklung aus den Abbildungen leicht abzulesen ist. Von Abb. 9 a an beginnen die Zellen am Rand stärker zu wachsen als die in der Mitte. Während in Abb. 10 a und 11 a die jüngeren Zellpartien wenig Veränderungen zeigen, beginnt plötzlich weiter zurück die Zelle x sich lebhaft zu teilen und vom Substrat fort schräg nach oben zu wachsen. Wir beobachten zunächst eine Quer- (perikline, Abb. 10 a) und eine Längsteilung (antikline, Abb. 11 a) und in Abb. 12 a noch weitere Querteilungen. Die einzelnen Quersegmente werden verschiedentlich noch längs aufgeteilt. Das ganze wird jetzt immer unübersichtlicher (Abb. 13 a—15 a). Einige Zellkomplexe runden sich ab, und es hat den Anschein, als ob aus ihnen neue Lappen hervorwachsen wollten. An der Basis haben sich einige Zellen nach vorn geschoben und bilden einen kleinen Lappen (Abb. 13 a–15 a). Durch das Wachstum schräg nach oben, dem Mikroskop zu, wird die Beobachtung erschwert. Ich habe trotzdem versucht, einige genetische Linien herauszufinden, die ich mit verschiedener Markierung eingetragen habe.

Ich möchte jetzt wieder auf das Wachstum am vorderen Ende zurückkommen. Dadurch, daß die seitlichen Zellpartien schneller wachsen als die mittlere Zone, wird der ursprünglich konvexe Rand des Prothalliums umgewandelt in einen konkaven. Im Endstadium haben wir dann zwei Gabeläste (Abb. 14 a und 15 a). Die Bildung von neuen Wänden bleibt nicht nur auf die Flanken beschränkt, sondern auch das mittlere Areal wächst noch in die Länge und Breite. Betrachten wir zunächst Abschnitt I. In Abb. 11 a bestand der zwischen den Antiklinen a—a und b—b liegende Komplex aus drei Zellen, einer inneren und zwei Randzellen. Die innere Zelle erfährt bis Abb. 15 a keine weitere Teilung mehr, die beiden Randzellen bekommen Querwände, so daß vier Zellen aus ihnen entstehen. Die beiden, die am Rande liegen, werden nochmals längs geteilt. Wir haben jetzt vier neue Randzellen, ihnen schließen sich die zwei mittleren Zellen an, die dann an die eine Innenzelle grenzen. In Abb. 15 a zeigen sich in zwei von den Randzellen schon wieder Querteilungen. Hier ist also die rechtwinklige Schneidung, das Aufeinanderfolgen von Periklinen und Antiklinen regelmäßig durchgeführt. Dasselbe ist in Abschnitt II zu beobachten. An Stelle der beiden Randzellen

Y und Y' in Abb. 12 a sind in Abb. 13 a drei, in Abb. 14 a vier und in Abb. 15 a sechs getreten. Verfolgt man dieses Areal von den Randzellen aus nach innen, so stoßen immer je zwei Randzellen auf eine Innenzelle, je zwei Innenzellen wiederum auf nur eine Zelle, und schließlich haben wir als Abschluß dieses Systems die Zelle M (Abb. 15 a). Nicht ganz so regelmäßig und auch nicht so zahlreich waren die Teilungen in dem links von der Antikline b—b gelegenen Abschnitt. Die Wandfolge läßt sich aus den Abbildungen ablesen.

Im folgenden will ich den Entwicklungsgang eines Prothalliums von *Equisetum silvaticum* beschreiben, das durch sein außerordentlich geringes Breitenwachstum auffällt. Obwohl ich solche Prothallien mehrfach gefunden habe, müssen sie als regelwidrig angesehen werden.

Equisetum silvaticum (Taf. II, Abb. 1—20). Ausgesät am 10. VI. 1929.

Abbildung	Tag der Aufnahme	Alter in Tagen	Abbildung	Tag der Aufnahme	Alter in Tagen
1	25. VI. 1929	15	11	26. VII. 1929	46
2	29. VI. 1929	19	12	31. VII. 1929	51
3	4. VII. 1929	24	13	8. VIII. 1929	59
4	10. VII. 1929	30	14	10. VIII. 1929	61
5	12. VII. 1929	32	15	12. VIII. 1929	63
6	15. VII. 1929	35	16	16. VIII. 1929	67
7	17. VII. 1929	37	17	19. VIII. 1929	70
8	19. VII. 1929	39	18	26. VIII. 1929	77
9	21. VII. 1929	41	19	30. VIII. 1929	81
10	23. VII. 1929	43	20	5. IX. 1929	87

Ich beginne in Abb. 1 mit einem Stadium, das in der Aufsicht fünf Zellen und drei Rhizoide zeigt. Durch das Auftreten neuer Querwände wird ein ausgesprochener Zellfaden gebildet. In Abb. 3 beobachten wir außer Zellvergrößerung zwei weitere Querteilungen. Die vorletzte Zelle teilt sich längs und ihre linke Tochterzelle zerfällt in zwei Zellen, die in Abb. 4 stark in die Länge gewachsen sind und mehrere Querwände aufweisen. Erst von Abb. 5 ab beginnt das Prothallium etwas breiter zu werden. Durch das Auftreten der Längswand a—a und einer Querwand wird die Endzelle x gebildet. die sich in Abb. 6 bereits in fünf Zellen aufgeteilt hat. Die übrigen Teilungsvorgänge in den Zellen links und rechts von der Antikline a—a sind aus den Abbildungen ersichtlich. Vielleicht wäre noch das Auftauchen einiger Zellen an der linken Kante (Abb. 6—9) infolge einer kleinen Drehung des Prothalliums nach rechts hervorzuheben. Zum Teil verschwinden diese Zellen wieder in den Abb. 10 und 11, weil eine Rückdrehung erfolgt.

Das Prothallium beginnt sich zu gabeln. In Abb. 7 sieht man schon eine Einbuchtung, und in Abb. 8 ist der links von der Wand a—a gelegene

Teil zu einem kleinen Ast ausgewachsen, dessen Entwicklung ich zunächst weiter beschreiben will. Der ganze Ast wird zuerst schief quergeteilt. Senkrecht auf der Querwand stehen zwei Längswände, es werden also drei Randzellen gebildet. Die unterste von ihnen vergrößert sich stark, erfährt aber keine Teilung mehr und wird durch das Wachstum der oberen Zellen zur Seite gedrängt. Die beiden anderen Randzellen bekommen je eine Quer- und die beiden entstehenden vorderen Zellen je eine Längswand. Von den jetzigen vier Randzellen werden drei wieder quer und längs geteilt (Abb. 10 und 11). Wachstum findet jetzt nur noch an der Spitze statt. Von den neu gebildeten Randzellen werden die untersten ebenfalls auf die linke Seite geschoben. Dort strecken sie sich noch etwas, aber weitere Teilungen unterbleiben (Abb. 10—16). Nur die Zellen, die aus der oberen Randzelle von Abb. 9 hervorgegangen sind, bleiben in Tätigkeit und bilden von Abb. 14 ab den übrigen langen Teil des Astes. Den Entwicklungsgang der einzelnen Zellen kann man hier nicht ganz klar verfolgen, da sich das Prothallium infolge seiner außerordentlichen Länge zu drehen beginnt. Man erkennt diese Drehung leicht daran, daß Zellwände, die in früheren Stadien in der Mitte des Prothalliums lagen, gegen den Rand verlegt werden, oder gar hinter der Kante verschwinden, während auf der anderen Seite neue Wände auftauchen. Von Abb. 14 ab macht z. B. die Spitze des Prothalliums eine ganze Drehung. Man sieht, daß die linke Flanke von Abb. 13 in Abb. 14 und 15 nach rechts und die rechte Flanke in Abb. 13 nach unten sich gedreht hat. Die Prothalliumspitze wird also in Abb. 14 von der Seite gesehen. In Abb. 15 beginnt die Spitze sich nach rechts umzulegen. In Abb. 16 kann man daher wieder direkt auf die Fläche — die ursprüngliche *Unter*seite — sehen.

Der älteste fadenförmige Teil des Prothalliums hat sich bis Abb. 11 noch etwas gestreckt. Außerdem haben sich mehrere Rhizoiden entwickelt. Da aber von Abb. 12 ab keine Veränderungen mehr zu beobachten waren, habe ich diesen Teil in den folgenden Abbildungen fortgelassen. Ebenso zeigte der linke Ast von Abb. 17 ab kein weiteres Wachstum und konnte deshalb bei den folgenden Zeichnungen unberücksichtigt bleiben.

Auch bei dem rechten Aste geht der größte Teil aus den ganz rechts gelegenen Randzellen hervor. Die in Abb. 7 links von der Antikline *b—b* liegende Randzelle bekommt in Abb. 8 nochmals eine Quer- und Längswand. Damit ist die Entwicklung für dieses Areal abgeschlossen. Aus den beiden Randzellen rechts von der Antikline *b—b* entstehen durch eine Längsteilung drei Zellen (Abb. 8), von denen die linke durch das schnelle Wachstum der beiden anderen zur Seite gedrängt wird. Es erfolgen noch einige Querteilungen, während im übrigen Zellvergrößerung zu bemerken ist. Die Zelle, die ganz rechts außen liegt (Abb. 8), wird in Abb. 13 einmal und in Abb. 15 ein zweites Mal quergeteilt. Die Zellen bleiben aber schmal, selbst die in Abb. 16 auftretenden Längsteilungen ändern nichts mehr an ihrer Form. Die mittlere Randzelle (Abb. 11) übernimmt allein die Entwicklung des ganzen Astes. Sie erfährt in Abb. 12 eine Querteilung. Darauf folgt eine antikline Wand, die ich mit — ·· — bezeichnet habe (Abb. 13). Links von ihr treten drei Querwände auf (Abb. 15), nachträglich werden noch Längswände eingeschoben (Abb. 16). Dieser Zellkomplex wird jedoch immer schmaler. Er streckt sich stark und schließt in Abb. 16 mit einem Höcker ab. Rechts von der Zellwand — ·· — bildet sich noch ein Periklinen-Antiklinenpaar, aber das regelmäßige Wachstum ist auch hier bald zu Ende. Es entsteht ein schmaler Lappen, dessen Entwicklung man nicht genau verfolgen kann, da er nur in der Seitenansicht zu sehen ist.

Von Abb. 16 ab beginnt plötzlich die Innenzelle Y sich auffallend zu verändern. In Abb. 18 erhebt sich über die Oberfläche des Prothalliums ein kleiner Höcker, der in Abb. 20 bereits zu einem vielzelligen Lappen herangewachsen ist. An seiner Basis werden zwei Rhizoide sichtbar. Da er aufwärts gerichtet ist, läßt er sich mit dem Mikroskop nicht weiter untersuchen.

Das ganze Prothallium zeigt eine ungewöhnlich langgestreckte, etiolierte Form, wie man sie häufig bei schlechter Beleuchtung oder bei dichter Aussaat findet. Rechtwinklige Schneidung tritt zwar auch hier auf, aber nicht so, daß perikline und antikline Wände regelmäßig miteinander abwechseln.

Der letzte von mir verfolgte Entwicklungsgang von *Equisetum silvaticum*, bei dem das Auftreten eines mehrschichtigen Gewebes von Interesse ist, das nacheinander verschiedene Lappen ausbildet, soll nur kurz geschildert werden. Während der ersten Zeit war die Beleuchtung für dieses Objekt sehr ungünstig. Die Keimung ging deshalb sehr langsam vor sich.

Equisetum silvaticum (Taf. III, Abb. 1—19). Ausgesät am 29. V. 1929.

Abbildung	Tag der Aufnahme	Alter in Tagen	Abbildung	Tag der Aufnahme	Alter in Tagen
1	25. VI. 1929	27	11	10. VIII. 1929	73
2	2. VII. 1929	34	12	12. VIII. 1929	75
3	8. VII. 1929	40	13	16. VIII. 1929	79
4	15. VII. 1929	47	14	19. VIII. 1929	82
5	19. VII. 1929	51	15	23. VIII. 1929	86
6	23. VII. 1929	55	16	28. VIII. 1929	91
7	29. VII. 1929	61	17	30. VIII. 1929	93
8	1. VIII. 1929	64	18	2. IX. 1929	96
9	5. VIII. 1929	68	19	5. IX. 1929	99
10	8. VIII. 1929	71			

Abb. 1 zeigt das 27 Tage alte Prothallium in noch recht kümmerlicher Form. Das primäre Rhizoid ist vertrocknet, zwei neue sind bereits ausgebildet (Abb. 2). In den Abb. 1—4 wachsen zwei dünne Zellfäden aus dem wenigzelligen Vorkeim heraus. Das gibt dem Ganzen ein sehr abweichendes Aussehen. Während der linke Zellfaden sich nur noch wenig verändert, entsteht ungefähr in der Mitte des rechten an der schrägen Längswand 1 ein Höcker (Abb. 5), der in den folgenden Abbildungen zu einem fast horizontal dem Substrat aufliegenden Lappen auswächst (Abb. 6—10, Lappen I). Gleichzeitig beobachten wir oberhalb der Querwand 2 (Abb. 6, 7 und folgende) eine rege Zellteilung, die zur Bildung eines kleinen Gewebepolsters führt. Man kann dabei im Anfang deutlich drei Zellkomplexe y_1 (— — —), y_2 (—· ·—) und y_3 (—·—) unterscheiden (Abb. 9 u. f.). Spätere Stadien lassen nicht mehr die Grenzen dieser Abschnitte erkennen (Abb. 15—19). Aus diesem meristemartigen Gewebe entwickeln sich drei Lappen: y_4 (— — —) und y_5 (———) in Abb. 10 und y_6 (. . . .) in Abb. 13. Zu einem vierten Lappen wächst eine Zellschicht aus, die unter diesem Gewebepolster liegt und in den Abbildungen mit x bezeichnet worden ist.

Lappen y_4 ist nur von der Flanke sichtbar. Von Abb. 14 ab sind in ihm deshalb keine weiteren Teilungen zu erkennen. y_6 erscheint zum erstenmal in Abb. 13. Nach wenigen Tagen sind bereits sieben Zellen entstanden, die sich in Abb. 15 noch um ein Vielfaches vermehrt haben. In den Abb. 18 und 19 ist die Fläche bereits so groß geworden, daß der darunter liegende Lappen x fast nicht mehr zu sehen ist. Eine besondere Bedeutung kommt y_5 zu. Es handelt sich hierbei nicht um ein flächenhaftes Gebilde, wie bei den Lappen x und y_6, sondern um einen Zellkörper. Die Entwicklung dauert daher auch länger als die Ausbildung eines einschichtigen Lappens (vgl. y_5 von Abb. 10—19 mit y_6 von Abb. 13 bis 18). In dem Zellkörper treten anfangs zwei Längs- und mehrere Querteilungen auf (Abb. 15 und 16). Später beobachtet man die verschiedensten Zellbildungen, die sich im einzelnen nicht genau verfolgen lassen. Der basale Teil streckt sich stark in die Länge, und die Spitze beginnt von Abb. 19 ab mit Antheridienbildung (*an*).

bb) Equisetum palustre.

Die erste Serie von *Equisetum palustre* zeigt die Entwicklung eines mehr körperlichen Prothalliums. Die Beobachtung älterer Stadien bot so große Schwierigkeiten, daß an manchen Stellen die Entwicklung von Neubildungen nicht zu verfolgen war.

Anfangs wuchs das Prothallium — wie die Prothallien in fast allen Aussaaten von *Equisetum palustre* des Jahres 1929 — nur sehr langsam. Abb. 1 zeigt ein wenigzelliges Stadium. Das erste Rhizoid ist noch vorhanden und ein weiteres auf der Oberfläche der zweiten Zelle in Bildung

Equisetum palustre (Taf. IV, Abb. 1—21). Ausgesät am 1. VI. 1929.

Abbildung	Tag der Aufnahme	Alter in Tagen	Abbildung	Tag der Aufnahme	Alter in Tagen
1	28. VI. 1929	27	12	26. VII. 1929	55
2	4. VII. 1929	33	13	30. VII. 1929	59
3	9. VII. 1929	38	14	1. VIII. 1929	61
4	13. VII. 1929	42	15	5. VIII. 1929	65
5	15. VII. 1929	44	16	9. VIII. 1929	69
6	17. VII. 1929	46	17	14. VIII. 1929	74
7	19. VII. 1929	48	18	18. VIII. 1929	78
8	21. VII. 1929	50	19	23. VIII. 1929	83
9	22. VII. 1929	51	20	26. VIII. 1929	86
10	23. VII. 1929	52	21	28. VIII. 1929	88
11	24. VII. 1929	53			

begriffen. In Abb. 2 ist die Endzelle durch zwei Querwände aufgeteilt. Außerdem wird in dieser und der folgenden Abbildung eine Zellschicht sichtbar, die sich unter den primären Zellen nach rechts hervorschiebt. Man muß sich also das Prothallium bereits mehrschichtig vorstellen.

Die weitere Entwicklung geht so vor sich, daß an der Spitze oder an den Flanken neue Zellen auftreten, deren Bildung man im einzelnen wegen der Mehrschichtigkeit nicht beobachten kann (Abb. 4). In Abb. 5 und den folgenden wachsen diese Zellen zu drei Lappen heran: x_1 (— · —), x_2 (— — —) und x_3 (— · · —). x_3 wird anfangs von x_2 teilweise überdeckt. In Abb. 12 und 13 legt sich x_2 zur Seite. Dadurch wird der flach auf dem Substrat liegende hintere Lappen x_3 mit seinen beiden zipfelförmigen Nebenlappen ganz sichtbar. Die Äste sind einschichtig. Nur am Grunde, wo sie miteinander verwachsen sind (namentlich x_2 und x_3), bilden sie ein dickfleischiges Gewebe. Die Entwicklung ihrer Zellwände kann man von Abbildung zu Abbildung ablesen. In dem Horizontallappen x_3 sind außerdem genetische Linien eingetragen worden.

Der Zellkörper, aus dem die drei Arme hervorgewachsen sind, ändert sich auf seiner Oberfläche nur wenig. Einige Rhizoiden treten neu auf. Im übrigen findet Zellvergrößerung statt. Wichtiger ist das Erscheinen einiger neuer Zellen rechts von x_3 (Abb. 13). Ob diese Zellen (x_4) aus dem Lappen x_3 herausgewachsen sind, oder ob sie auch an dem Gewebekörper entstanden sind, an dem die drei anderen Lappen gebildet wurden, ließ sich nicht genau feststellen. Beim vorsichtigen Umdrehen des Prothalliums konnte ich an der Basis nur ein dickfleischiges Gewebe beobachten. Es hat zunächst den Anschein, als ob auch x_4 zu einem flächenförmigen Lappen heranwachsen wollte. Aber schon Abb. 15 und 16 lassen an den viel kleineren, aber prall gefüllten Zellen erkennen, daß es sich hier um ein Gewebepolster handelt, von dem an verschiedenen Stellen und nach verschiedenen Richtungen hin Lappen ausgebildet werden. In den Abbildungen ließ sich das weniger gut darstellen. Die Zellen der senkrecht nach oben wachsenden Lappen wurden verzerrt gezeichnet. Häufig mußten die Lappen gewaltsam ein wenig zur Seite gelegt werden, damit eine Aufnahme mit dem Zeichenapparat überhaupt möglich war. Der erste vertikale Lappen an x_4 tritt in Abb. 15 (y_1) auf, der nächste bildet sich in Abb. 17 (y_2), und schließlich entsteht ein dritter in Abb. 20 (y_3). Am rechten Thallusstück entwickeln sich verschiedene unregelmäßige Zipfel.

Die primären Prothalliumzellen und der Lappen x_1 zeigen von Abb. 17 ab keinerlei Veränderung mehr. Sie wurden deshalb bei den folgenden Zeichnungen nicht mehr berücksichtigt. Auch x_2 ist in ein Dauergewebe übergegangen, während x_3 unnatürlich in die Länge wächst (Abb. 21).

In älteren Stadien hatten sich die Lappen auf dem rechten Thallusteil (x_4) derart vermehrt, daß eine übersichtliche Zeichnung nicht mehr anzufertigen war. Aber der ganze Habitus des Vorkeims, namentlich des zuletzt beschriebenen Gewebes x_4, läßt schon jetzt erkennen, daß er in einem späteren Stadium Archegonien tragen wird. Tatsächlich wurde durch weitere Beobachtung festgestellt, daß x_1, x_2 und x_3 sterile Thalluslappen blieben, während auf x_4 sich Archegonien bildeten. Im zweiten Teil der Arbeit soll auf ihre Entwicklung näher eingegangen werden.

Equisetum palustre (Taf. V, Abb. 1—14).   Ausgesät am 1. VI. 1929.

Abbildung	Tag der Aufnahme	Alter in Tagen	Abbildung	Tag der Aufnahme	Alter in Tagen
1	30. VI. 1929	29	8	25. VII. 1929	54
2	4. VII. 1929	33	9	27. VII. 1929	56
3	7. VII. 1929	36	10	2. VIII. 1929	62
4	13. VII. 1929	42	11	6. VIII. 1929	66
5	16. VII. 1929	45	12	13. VIII. 1929	73
6	20. VII. 1929	49	13	21. VIII. 1929	81
7	23. VII. 1929	52	14	31. VIII. 1929	91

Die Entwicklung eines Prothalliums von der Spore an zu verfolgen, war mit großen Schwierigkeiten verbunden. Es wurden oft gleich nach den ersten Teilungsstadien unregelmäßige Zellkörper gebildet, die sich für die Untersuchung nicht eigneten. Gelegentlich habe ich Prothallien weiter verfolgt, deren erste Entwicklungsstufen mir nicht bekannt waren, und die erst später, wenn sie zu flächenhaftem Wachstum übergingen, gut zu beobachten waren. Tafel V zeigt einen solchen Vorkeim von *Equisetum palustre*. Aus der Spore ist hier bald ein klumpiger Zellkörper gebildet worden, der zu einem schon teilweise mehrschichtigen Zylinder ausgewachsen ist (Abb. 1). Das erste mit dem Zeichenapparat aufgenommene Stadium (Abb. 1) zeigt, daß jetzt das Prothallium beginnt, sich flächenförmig auszubreiten. In dem spatelförmigen Endlappen sind die beiden Antiklinen a—a und b—b aufgetreten, zwischen denen bereits eine Perikline und eine neue Antikline c—c entstanden ist. In Abb. 2 ist die Längswand a—a mehr nach rechts gedrängt worden. Links von ihr ist eine neue Antikline d—d aufgetreten. Den vier Wänden a, b, c und d kommt eine besondere Bedeutung zu, denn sie treten in allen Abbildungen deutlich hervor. Die zwischen ihnen liegenden Zellflächen habe ich mit I, II, III, IV und V benannt (Abb. 3). Der Vorkeim beginnt frühzeitig sich zu gabeln (Abb. 5). Die Segmentwände a—a, c—c und b—b verlaufen in den rechten Ast, während d—d beinahe in der Bucht mündet. Die Teilungsvorgänge in den fünf Segmenten verlaufen so, daß meistens perikline und antikline Wände miteinander abwechseln, wodurch eine fächerförmige Verbreiterung des ganzen Prothalliums herbeigeführt wird. Es kann aber auch der Fall eintreten, daß entweder auf eine Perikline noch einmal eine solche folgt, oder daß in manchen Randzellen bogenförmige Wände angelegt werden. Die vorderen Randzellen wachsen von Abb. 8 ab nicht mehr gleichmäßig schnell. An mehreren Stellen herrscht sogar vollkommener Stillstand in der Entwicklung, so daß ein älteres Stadium stark gelappt erscheint (Abb. 13). Am regelmäßigsten ist das Segment III ausgebildet, das den größten Lappen hervorgebracht hat und an seiner linken Flanke mit der Antheridienbildung beginnt.

Es soll nun eine genaue Beschreibung von einzelnen Abschnitten erfolgen. Ich beginne mit Segment III. Nach einigen vorhergegangenen Querteilungen tritt hier in Abb. 5 die erste antikline Wand (1) auf. Die beiden gleich großen Tochterzellen werden durch je eine Perikline geteilt, (Abb. 6), und die dadurch entstandenen Randzellen werden wieder durch eine Antikline in je zwei Zellen zerlegt, die die eben beschriebene Teilungsweise wiederholen (Abb. 6—8). Bisher lagen sämtliche Randzellen ungefähr auf gleicher Höhe. Von Abb. 9 ab beginnen die Stellen, an denen die Hauptsegmentwände a—a, c—c und die Antikline 1 die Außenwand berühren, im Wachstum zurückzubleiben. Die zwischen diesen Punkten liegenden Zellen wachsen weiter. Besonders die in der Mitte zeigen große Wachstumsintensität. Sie nimmt nach beiden Seiten hin ab (nach rechts etwas stärker), steigt dann an beiden Flanken wieder etwas an, um schließlich bei den Segmentwänden a—a und c—c fast auf 0 herabzusinken. Dadurch kommt die gelappte Form zustande, die wir in Abb. 13 sehen. Der für das ganze Segment III geschilderte Teilungsmodus kehrt in den einzelnen Lappen des Randes wieder. Verfolgt man beispielsweise die periklinen und antiklinen Wände in den großen Mittellappen hinein (Abb. 13 und 14), so kann man eine 8—9fache Aufeinanderfolge bemerken. Dagegen treten an den Stellen mit geringerem Wachstum nur noch Querwände auf, zwischen die ab und zu eine Längswand geschoben wird. Wenn wir uns die Randzellen rechts von der Antikline 2 in Abb. 7 ansehen, so beobachten wir, daß sie durch eine Querwand in eine untere und eine obere Zelle geteilt werden (Abb. 8). In der oberen wird von der Querwand aus nach der Antiklinen 2 eine kurze bogenförmige Wand angelegt, auf die eine Antikline folgt (Abb. 9). Wenn die beiden Randzellen jetzt Teilungen nach dem System der rechtwinkligen Schneidung durchführten, wäre ein bilateral-symmetrischer Lappen zu erwarten. Es zeigt sich aber, daß nur die obere Randzelle quer und längs geteilt wird und von den so entstehenden Randzellen ebenfalls wieder nur die obere Zelle die beiden Teilungen erfährt. Wachstum findet also im wesentlichen nur an der linken Flanke statt (Abb. 8—13). Betrachten wir noch kurz die Verhältnisse in dem großen Mittellappen (Abb. 13 und 14). Er ist aus den zwischen den Antiklinen 1 und 3 gelegenen Randzellen in Abb. 9 hervorgegangen. Später differenziert er sich in mehrere Teile. Der Zellkomplex, der von den Längswänden 3 und 5 begrenzt wird (Abb. 13 und 14), geht in ein meristemartiges Gewebe über, von dem man Antheridienentwicklung erwarten kann. Der große Endlappen der Abb. 14 entwickelt sich aus der dreieckigen Randzelle zwischen Wand 4 und 5 (Abb. 9). Die Aufteilung erfolgt zunächst durch eine von 5 nach dem Außenrand verlaufende Wand (Abb. 9). Erst dann treten in gewöhnlicher Weise Periklinen und Antiklinen auf. Auch hier ist rechtwinklige Schneidung nur in der Mitte regelmäßig durchgeführt. Die Zellen, die zwischen den Antiklinen 1 und 4 liegen, zeigen dieselbe Teilungsweise, wie ich sie oben schon beschrieb: von zwei entstandenen Randzellen bildet immer nur *eine* perikline und antikline Wände aus. Man sieht verschiedentlich in diesem Abschnitt, daß in den Randzellen auch schräg nach außen verlaufende Wände auftreten können (Abb. 12 und 13).

Ich gehe nun zur Beschreibung des Segmentes I über. Während in den übrigen Segmenten anfangs nur perikline Wände zur Ausbildung kommen, tritt hier schon in Abb. 3 ein Paar perikliner und antikliner Wände auf. In Abb. 4 folgt ein zweites in der äußeren Randzelle, so daß jetzt das ganze Segment in einen inneren und drei nach dem Rand zu gelegene Teile zerlegt wird, die ich als Untersegmente I a, b und c bezeichnen möchte (Abb. 4). Die Hauptsegmentwand *d—d* bleibt im Wachstum zurück. Es setzt die schon oben erwähnte erste Gabelung ein. Die Antikline 1 (Abb. 6), die bisher den Außenrand des Gabelastes fast in seiner Spitze erreichte, wird durch das eintretende Breitenwachstum des Untersegmentes *b* nach rechts gedrängt. Ihre Krümmung kommt in Abb. 8 am stärksten zum Ausdruck, läßt aber in den folgenden Abbildungen infolge Streckung des oberen Teiles wieder nach. Die Aufteilung des Untersegmentes *a* erfolgt durch mehrere Querwände und durch zwei Paare von Periklinen und Antiklinen. Vom Untersegment *b*, das zwischen den Antiklinen 1 und 2 liegt, wird in der Hauptsache der ganze Lappen gebildet. Durch eine bogenförmig von der Antikline 1 zum Außenrand verlaufende Wand wird die Zellvermehrung eingeleitet (Abb. 6). Durch das Erscheinen zweier perikliner Wände werden zwei

Randzellen abgeschnitten, die längs und in Abb. 7 bereits wieder quergeteilt werden. Die Querwand der am weitesten rechts gelegenen Zelle (Abb. 7) stößt auf den Außenrand. Es werden dadurch, wenn wir zunächst nur diese eine Zelle weiter beobachten, zwei neue Randzellen gebildet, die ihrerseits wieder periklin und außen auch antiklin geteilt werden (Abb. 9). Schon in Abb. 8 und 9 wölbt sich dieser Zellkomplex vor und wächst von Abb. 11 ab unter Bildung neuer Wände zu einem Zipfel aus. Auch in den weiter zurückgelegenen Zellen, die diese Streckung mitmachen müssen, werden nachträglich neue Wände eingeschoben.

Wir wenden uns jetzt wieder den übrigen drei Randzellen (Abb. 7, Untersegment *b*) zu. In Abb. 8 beobachten wir bei ihnen eine nochmalige Längsteilung. Leider beginnt von nun an eine unregelmäßige Entwicklung dieser sechs Randzellen. Die beiden mittleren bleiben im Wachstum zurück, die eine bekommt noch eine Perikline und eine Antikline, während die andere nur eine antikline Wand aufweist, der erst später in Abb. 10 eine zweite Wand folgt. Die übrigen vier Zellen zu beiden Seiten wachsen weiter. Es werden zwei Lappen gebildet, die nach dem bekannten Schema aufgeteilt sind. Unregelmäßigkeiten, bedingt durch das Auftreten einer bogenförmigen Wand von einer Antikline aus zum Außenrand statt der Bildung einer Perikline und Antikline, finden sich nur in dem rechten Lappen.

Vom dritten Untersegment *c* ist wenig zu sagen. Auffallend ist nur die Randverschiebung links von Abb. 4 ab. Es treten seitlich neue Zellen auf, die bisher durch die Wölbung des Randes verdeckt waren. Die ersten Längswände laufen schräg von den periklinen Wänden aus zur Antikline 2 (Abb. 7). An den Ansatzstellen neuer Wände zeigen sich nach erfolgter Streckung starke Knickungen. Mehr als bei den übrigen Segmenten werden die zwischen den genetischen Linien liegenden Zellflächen aufgeteilt, jedoch ohne irgendwelche Gesetzmäßigkeit Von Abb. 9 ab lassen die Zellen am Außenrand etwas regelmäßiger auftretende perikline und antikline Wände erkennen.

Auf die Segmente II, IV und V möchte ich nur mit wenigen Worten eingehen. Segment II bildet in der Hauptsache den linken Rand des rechten Gabelastes. Es ist, abgesehen von einem kleinen Zipfel, ein einheitlicher Zellkomplex. Die erste Längswand ist eine bogenförmig von der Antikline *d—d* nach dem Außenrand hin verlaufende (Abb. 4). Die beiden nächsten Antiklinen werden durch das Breitenwachstum, das hauptsächlich im Segment III stattfindet, nach links gedrängt. Im übrigen zeigt die Aufteilung nichts Neues und läßt sich an Abb. 13 leicht verfolgen.

Im Segment IV setzt nach einigen Querteilungen eine regelmäßige Bildung perikliner and antikliner Wände ein, aber auch hier bleibt außer dem Ansatzpunkt der Hauptsegmentwand *c—c* noch ein zweiter Punkt des Außenrandes innerhalb des Segmentes im Wachstum zurück. Infolgedessen gabelt sich das Thallusstück von Abb. 7 ab und bildet bis Abb. 13 zwei mächtige Lappen heran, die schon wieder anfangen, sich in kleinere zu differenzieren.

Segment V hat sich am wenigsten entwickelt. Durch das tangentiale Wachstum der angrenzenden Zellpartien wird das Segment immer mehr nach rechts gedrängt und schon zeitig ausgeschaltet. Es treten deshalb nur wenig neue Zellwände auf.

Betrachten wir nochmals im Überblick das ganze Prothallium in Abb. 13. Rein äußerlich zeigt es mit den in der Natur gefundenen, die als runde Kissen mit zahlreichen aufsitzenden Lappen beschrieben werden, keine Ähnlichkeit. Aber gerade dadurch, daß die bei der Beobachtung störenden Assimilationslappen nicht auftraten, wurde es möglich, die Entwicklungsweise festzustellen, die MÄCKEL (1924) bei im Freien gefundenen Formen beobachtet hat. Später werde ich an Hand von Schnitten denselben Teilungsmodus bei Vorkeimen nachweisen, die Zellkörper sind.

b) Beschreibung älterer Prothallien nach fixiertem Material.
aa) Vegetatives Gewebe.

Die Methode, ein und dasselbe Objekt längere Zeit hindurch aufzunehmen, ermöglicht eine viel exaktere Darstellung der Entwicklungsgeschichte als die Kombination von Beobachtungen an mehreren. Die fortlaufende mikroskopische Untersuchung derselben Pflanze ist im hiesigen Institut des öfteren bei Farnprothallien und verschiedenen Moosen mit Erfolg angewandt worden. Auch bei den besprochenen Entwicklungsreihen vom Schachtelhalm konnten wir die Keimung und die Art des Wachstums, wie oben gezeigt wurde, in einigen Fällen genau verfolgen. Aber es lassen sich immer nur die Veränderungen auf der *Oberfläche* zeichnerisch zum Ausdruck bringen. Ich habe schon verschiedentlich darauf hingewiesen, daß Prothallien in manchen Fällen sehr frühzeitig mehrschichtig werden. Die Verfolgung der Entwicklung der Zellen der Unterseite ist dann so gut wie ausgeschlossen. Die Entwicklungsweise auch der Zellen der Oberseite kann man nicht mehr feststellen, sobald Lappen oder ganze Thalli sich vom Substrat aufrichten (Abb. 1 u. 2). Selbst im günstigsten Falle muß nach etwa 2—3 Monaten die Dauerbeobachtung abgebrochen werden. Prothallien dieses Alters sind noch sehr verschieden von den größten im Freien gefundenen (KASHYAP 1914, MÄCKEL 1924). Es mußte daher versucht werden, aus der Jugendform der Prothallien die Endform zu ziehen, um den Anschluß herzustellen. Da ich die Ansicht GOEBELs (1918) teile, daß es sich bei den im Freien gefundenen Prothallien um alte und besonders gut ernährte handelt, versuchte ich schon im 1. Jahre, den besten Vorkeimen, die ich gezogen hatte, besonders gute Bedingungen zu bieten. Ich erreichte das dadurch, daß ich einige üppige Vorkeime von *Equisetum palustre* (Sporenaussaat am 31. V. 1929) am 26. VIII. 1929 auf einen neuen Nährboden so über-

Abb. 1.   Abb. 2.

Abb. 1. *Equisetum palustre.* Abnorm gewachsenes Prothallium mit zahlreichen Rhizoiden. Vergr. 10.
Abb. 2. *Equisetum palustre.* Der ganze Thallus ist vom Substrat weg nach oben gewachsen.
Vergr. 5,5. (Mikrophot.)

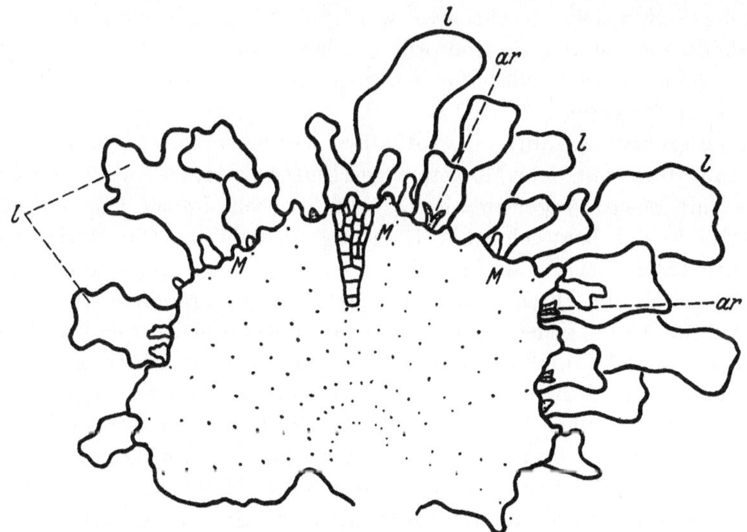

Abb. 3. 10 Monate altes Prothallium von *Equisetum palustre* (von der Unterseite). Die fächerförmige Wachstumsweise schematisch angegeben. *ar* = Archegon. *l* = Lappen. Vergr. 22.

pflanzte, daß jedes Exemplar einen großen Entwicklungsraum hatte. Nach 5—7 Monaten weiteren Wachstums entsprachen sie den im Freien gefundenen (Textabb. 3) oder kamen zumindest ihnen sehr nahe. Bei Abschluß der Arbeit stellte ich fest, daß SCHRATZ 1 Jahr vorher dasselbe mit *Equisetum arvense* in Einzelkulturen erreicht hatte. Er benutzte als Substrat sandigen Lehm. Seine Versuche mit Agar-Agar blieben erfolglos. Der Nachweis, daß ich in meinen Kulturen von *Equisetum palustre* Prothallienformen erzielt hatte, die denen Mäckels von *Equisetum arvense* (vermutlich) glichen, ließ sich durch anatomische Untersuchungen ohne Schwierigkeit erbringen (vgl. Mäckel 1924, Abb. 5, 7 a und 9 mit den Textabb. 4 und 6—8 meiner Arbeit). Eine Tatsache muß einem spateren Kapitel vorweg genommen werden, nämlich daß diese Prothallien entweder Zwitter waren oder nur die weiblichen Geschlechtsorgane trugen.

Textabb. 3 zeigt eine Skizze von einem 10 Monate alten Vorkeim. Es ist die Unterseite gezeichnet worden, die in diesem Falle mit Ausnahme des ein wenig nach oben gekrümmten Randes dem Substrat flach auflag. Die Rhizoiden sind der Übersichtlichkeit wegen in der Abbildung weggelassen. Die Bucht am hinteren Ende, die von Mäckel schon richtig gedeutet worden ist, ließ noch die Reste des primären Prothalliumfadens erkennen. Im großen und ganzen war der Vorkeim kreisförmig. Die Peripherie zeigte nur wenig tiefe Einschnitte. Auf der Oberseite befanden sich zahlreiche Lappen, die jüngsten am vorderen Rand, die größeren nach der Mitte und der Bucht des Hinterrandes zu. Ihre Entstehung soll später beschrieben werden. Nicht alle umgepflanzten Prothallien erreichten die Endform, sondern sahen auch nach Monaten, selbst wenn sie an Größe erheblich zugenommen hatten, noch ähnlich aus wie die jüngeren.

Eine größere Anzahl von Prothallien wurde horizontal, radial-längs und tangential mit dem Mikrotom geschnitten. Trotzdem ich die Objekte mit Eosin vorgefärbt hatte, war es nicht immer möglich, die Schnitte in der beabsichtigten Richtung zu führen. Die Horizontalschnitte fielen meist schlecht aus. Textabb. 4 zeigt einen Horizontalschnitt durch ein Thallusstück, das lappenartig vorgewachsen ist. In ihm konnte ich die genetischen Linien ein großes Stück zurückverfolgen. Die Zellen x und x' und die Zellreihen a, b und c haben ursprünglich eine Zelle nahe dem Meristemrand des Prothalliums gebildet. Diese wurde wahrscheinlich zunächst längs geteilt (1). In der linken von den beiden jetzt entstandenen Randzellen sehen wir zunächst eine Querwand (A) auftreten. Das Wachstum wird in tangentialer Richtung so stark, daß eine neue Aufteilung in zwei Randzellen erfolgt (2). In der rechten Randzelle beobachten wir ein gesteigertes Wachstum senkrecht zur Peripherie. Die Folge davon ist die Bildung von zwei Querwänden (B, C). Inzwischen ist die Ausdehnung in tangentialer Richtung wieder so groß geworden, daß eine Längswand (3) auftritt. In den beiden jetzt gebildeten Randzellen folgen zunächst mehrere Querteilungen (in der linken 3: D, E, F; in der rechten 2: D' und E'), darauf wiederum anti-

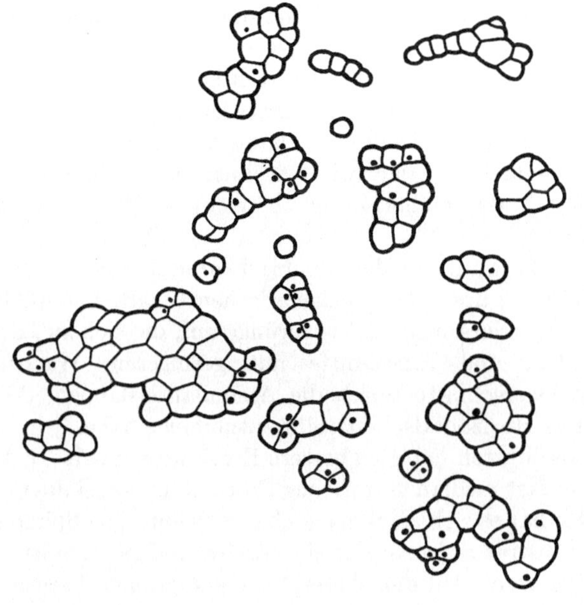

Abb. 5. Horizontalschnitt durch Assimilationslappen. Vergr. 90.

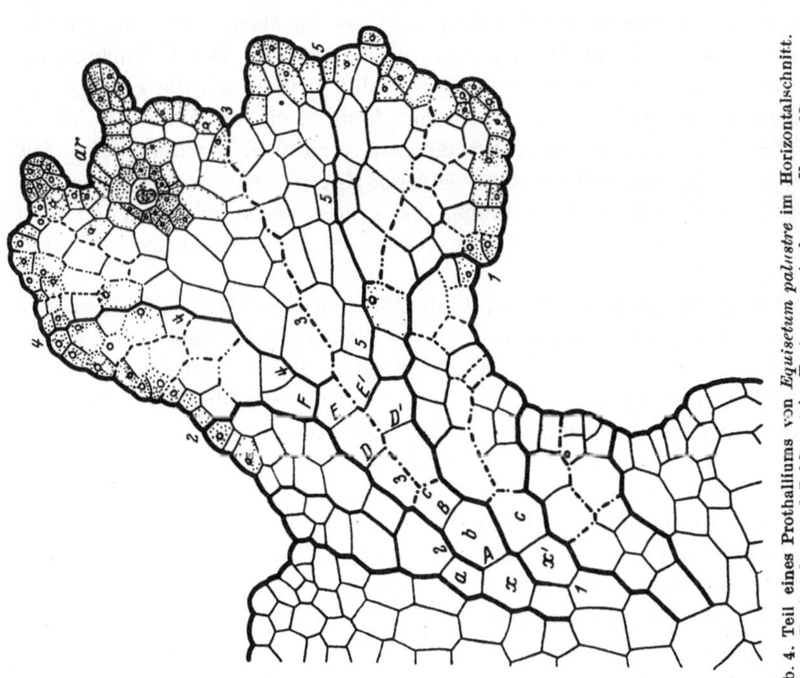

Abb. 4. Teil eines Prothalliums von *Equisetum palustre* im Horizontalschnitt. Buchstaben und Zahlen siehe Text. *ar* = Archegon. Vergr. 90.

kline Wände (4 und 5). Im linken Abschnitt sind die nächsten Teilungswände nicht mehr genau zu erkennen. Erst am Thallusrande zeigt sich wieder die gewöhnliche Teilungsweise. Im rechten Abschnitt kann man das Zellnetz noch weiter analysieren. Die Entwicklungsfolge der Wände ist leicht aus der Abbildung abzulesen. Durch Verfolgung der Antiklinen 1 und 2 und Betrachtung der zwischen ihnen liegenden Zellen läßt sich die von Mäckel als „fächerförmig" bezeichnete Wachstumsweise des Lappens erkennen.

Ich möchte noch kurz auf den Meristemrand aufmerksam machen, den ich durch Einzeichnung des reichen plasmatischen Inhalts kenntlich gemacht habe. Er weist verschiedene Vorsprünge auf, die sich zu Lappen heranbilden werden, und Einschnitte mit geringerem Wachstum. Textabb. 5 zeigt Querschnitte durch die Assimilationslappen, die ich einem Schnitt dieser Horizontalschnittreihe entnommen habe.

Bei den Radialschnitten habe ich bessere Ergebnisse erzielt. In Textabbildung 6 ist ein fast median getroffenes Prothallium abgebildet. Ungefähr in der Mitte hat es sich stark nach oben gewölbt. Die Spitze liegt wieder auf dem Substrat auf. An der Bauchseite sind im Schnitt mehrere Rhizoiden getroffen. Auf der oberen Seite entspringen Lappen, die meistens schief geschnitten sind, da sie ja nicht immer senkrecht auf dem Thallus sitzen. Textabb. 8 läßt die Lappenbildung noch besser erkennen. Von Interesse war die Feststellung der Lage der Meristemzellen. Sie finden sich, wie zu vermuten war, nur am Vorderende. Der Teilungsmodus ist wieder der fächerförmige. In Textabb. 6 habe ich die genetischen Linien, soweit ich sie zurückverfolgen konnte, eingetragen.

Bei *A* ist ein Archegon fast median geschnitten worden, bei *C* der Hals eines Archegons. Bei *B* hat sich ein Höcker mit einem Meristem gebildet, das allmählich anfängt, in Dauergewebe überzugehen. In Textabb. 7 habe ich eine Randpartie in stärkerer Vergrößerung nochmals gezeichnet.

Durch die Textabb. 4 und 6—8 wäre nachgewiesen, daß neben der äußeren Form auch die anatomischen Verhältnisse bei den im Freien gefundenen und den kultivierten Prothallien übereinstimmen. An einer Querschnittserie kann man die ungleiche Größe der Meristemzellen und der älteren Prothalliumzellen beobachten. Wenn man beim Schneiden von dem Vorderrand nach den älteren Teilen des Vorkeims vorschreitet, so zeigt Abb. 1 auf Tafel VI nur Meristemzellen. In Abb. 2 ist die mittlere Zone bereits nicht mehr teilungsfähiges Gewebe, die Zellen sind hier schon bedeutend größer. Abb. 3 läßt an der rechten Seite noch zahlreiche Meristemzellen und die Bildung eines Archegons erkennen. Abb. 4 zeigt fast nur Dauergewebe. Das Prothallium hat hier den größten Durchmesser. Im letzten Schnitt (Abb. 5) treffen wir in der Mitte auf die ältesten Zellen des Vorkeims.

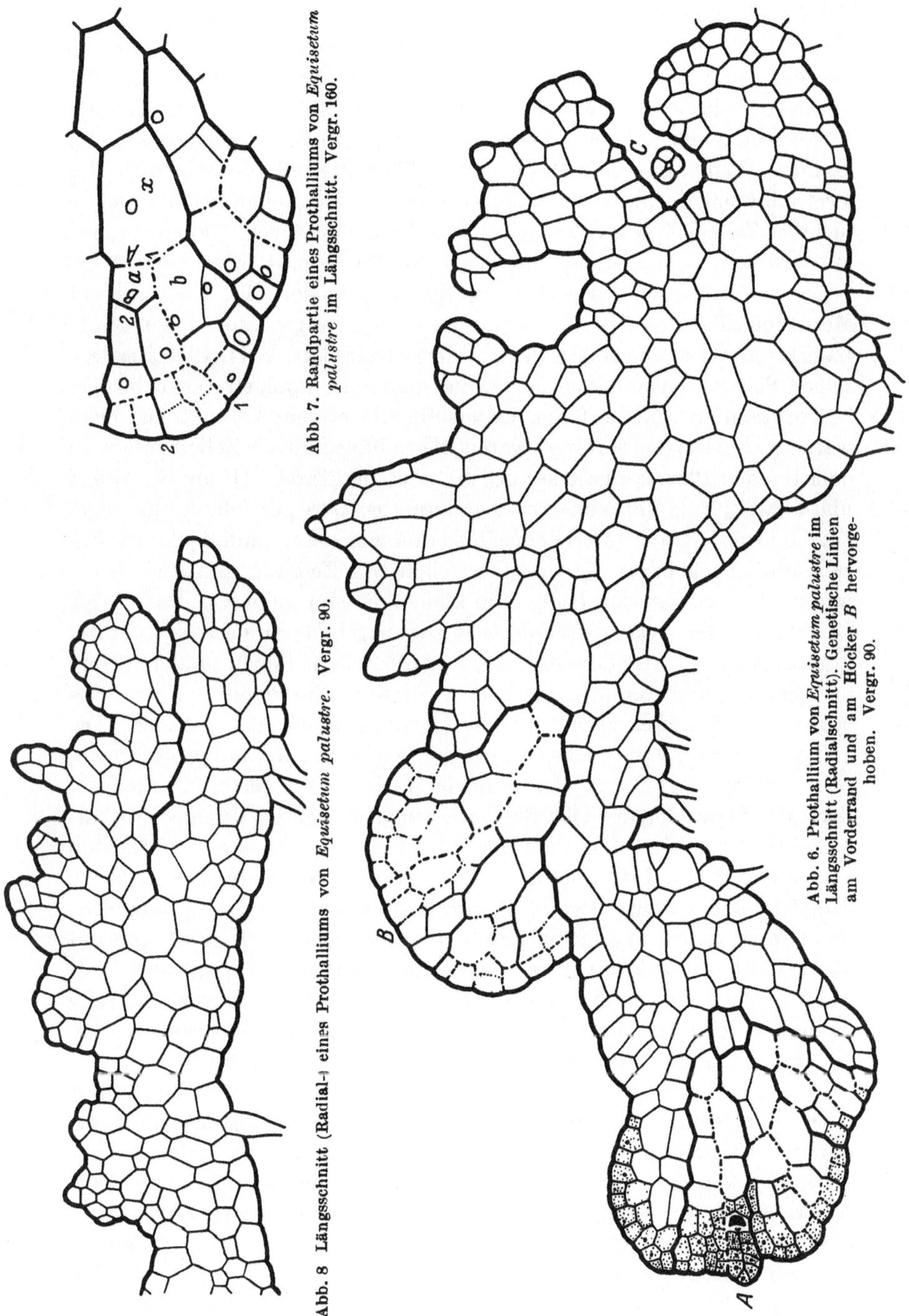

Abb. 7. Randpartie eines Prothalliums von *Equisetum palustre* im Längsschnitt. Vergr. 160.

Abb. 8 Längsschnitt (Radial-) eines Prothalliums von *Equisetum palustre*. Vergr. 90.

Abb. 6. Prothallium von *Equisetum palustre* im Längsschnitt (Radialschnitt). Genetische Linien am Vorderrand und am Höcker *B* hervorgehoben. Vergr. 90.

Nachdem ich diese Übereinstimmung festgestellt hatte, setzte ich Ende Mai 1930 eine neue Versuchsreihe an, um über das erste Auftreten des Meristemrandes älterer Prothallien etwas mehr zu erfahren. Die Beobachtung älterer Stadien hatte mir gezeigt, daß man von dem meristematischen Zellen bei der Aufsicht von oben kein klares Bild bekommen konnte. Wenn außerdem Buchtien (1887) sagt, daß „auf der Mitte des Prothalliums . . . . auf der Schattenseite ein paar Zellen des hier schon mehrere Zellagen dicken Vorkeims sich etwas vorwölben", so konnte ich annehmen, daß bei meinen Objekten, die im Gegensatz zu den Buchtienschen nicht die aufrecht stehende Form hatten, der Ursprung der Meristemzellen auf der Unterseite zu suchen war. Tatsächlich zeigte fixiertes Material aus dem 1. Jahr, welches ich am 24. VIII. 1929 aus denselben Schalen entnommen hatte, die später die üppigen Wuchsformen hervorbrachten, daß auf der Unterseite die ersten Anfange zu sehen waren (am fixierten Material waren die teilungsfähigen Zellen sofort an dem reichen Plasmainhalt kenntlich). Auf der Tafel VII sind in Abb. 4 und 5 zwei junge Vorkeime von *Equisetum palustre* gezeichnet, die ungefähr in ihrer Mitte die Meristemzellen erkennen lassen (mit stärkerer Umrahmung angegeben). Sie sind hier schon eine Zeitlang in Tätigkeit gewesen, denn es hat sich bereits ein kleines Polster gebildet. Das übrige Gewebe mit den teilweise schon recht gut ausgebildeten Lappen stellt das ursprüngliche Prothallium dar, das sind die Zellen, die vorhanden waren, ehe sich die meristematischen hervorwölbten. Ein etwas weiter vorgeschrittenes Stadium zeigt Abb. 6 (ebenfalls *Equisetum palustre*). Die Lappen A und B entsprechen wiederum den ersten Assimilationslappen, oder wie Buchtien sagt, den „auf der Lichtseite angelegten Lappen"; denn sie entstanden aus Oberflächenzellen. Am rechten Teil des Prothalliums sieht man den Meristemrand M und die von ihm hervorgebrachten Lappen I, II und III. Durch die fächerförmige Wachstumsweise (siehe radialen Längsschnitt, Textabb. 6) werden die am Meristemrand entstehenden Lappen immer mehr nach der oberen Seite verschoben. Die Skizze auf Tafel X, Abb. 8, welche von der Flanke aufgenommen ist, zeigt diese Aufrichtung noch besser. Die jüngsten Lappen liegen in der Horizontalebene (rechts im Bild), die nächsten in schräger Richtung nach oben, und die ältesten (links im Bild) haben Vertikalstellung eingenommen.

Bei der Versuchsreihe im Sommer 1930 stellte ich mir Kulturen mit einer äußerst dünnen Agarschicht her, um die Entstehung des Meristems auf der Unterseite durch den Nährboden hindurch fortlaufend beobachten zu können. Ich habe leider mit dieser Methode nichts erreicht. Entweder war die Beobachtung zu schwierig, oder aber es kam gar nicht bis zur Bildung eines Meristems, weil die zu dünne Agarschicht eintrocknete. Ich war deshalb darauf angewiesen, von Zeit zu Zeit einige Prothallien aus den Schalen zu entnehmen. Die Vorkeime von *Equisetum palustre* wuchsen im zweiten Sommer anfangs recht kümmerlich. Erst nachdem sie mehrfach umgepflanzt waren, begannen sie mit einer kräftigen Meristembildung, die ich nicht mehr zu Ende beobachten und daher auch in dieser Arbeit nicht mehr berücksichtigen konnte. Besser entwickelte sich *Equisetum silvaticum,* worüber ich mich besonders freute, da ich im 1. Jahr nur wenig weibliche Prothallien von dieser Art beobachtet hatte. Sie bildeten aber in der Mehrzahl nicht dem Substrat aufliegende Formen, wie sie von *Equisetum palustre* her bekannt waren, sondern standen fast aufrecht, wie BUCHTIEN (1887. Abb. 122) beschrieben und auch

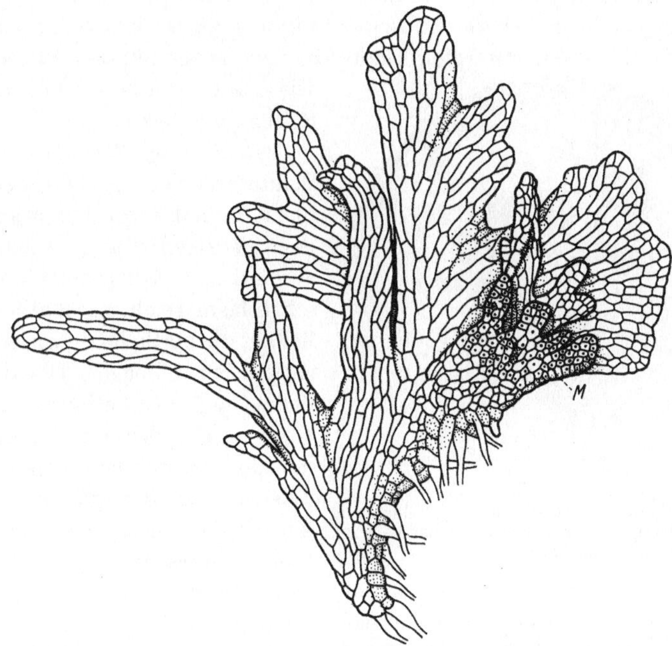

Abb. 9. Prothallium von *Equisetum silvaticum.* *M* = Meristemrand. Vergr. 45.

gezeichnet hat. Diese Abweichung von der Horizontalebene ändert jedoch nichts an dem, was bisher über das Meristem gesagt worden ist. Letzteres entsteht auch hier auf der morphologischen Unterseite. Sobald ich die Vorkeime ein wenig nach vorn umlegte, erhielt ich die eben bei *Equisetum palustre* beschriebene Vorkeimform. Beim Umpflanzen habe ich wiederholt diese Methode angewandt. Ich konnte feststellen, daß die Prothallien ungestört in der Horizontalebene weiter wachsen. Freilich kreisrunde oder auch nur kreisähnliche Polster wie bei *Equisetum palustre* zu erhalten, ist mir bei *Equisetum silvaticum* nicht geglückt. Sie zeigten von Anfang an eine viel stärkere Verzweigung und besaßen zahlreiche, recht große Lappen (Textabb. 9) (vgl. auch Abb. 10). Auf Tafel VII ist

in Abb. 1 ein 75 Tage alter Vorkeim von *Equisetum silvaticum* von seiner
Unterseite gezeichnet. Der gesamte Vorderrand wird von meristematischen
Zellen eingenommen, während Abb. 2 ein gleichaltriges Objekt darstellt,
das zwei getrennt liegende meristematische Zonen aufweist. Dazwischen
befindet sich Dauergewebe. Beide Prothallien haben schon eine ganze
Anzahl Lappen hervorgebracht.

Ich möchte noch erwähnen, daß ich die von MÄCKEL beschriebene
Form der Assimilationslappen („Tischbein + Platte") bei den Kulturprothallien nicht gefunden habe. Hier ist die Basis der Lappen mehrere
Zellenlagen breit und dick. Allmählich geht der Lappen in ein einschich-
tiges Gewebe über, verbreitert sich aber immer mehr. Entweder schließt
er dann mit einem stumpfen Ende ab, oder fängt an sich zu gabeln.

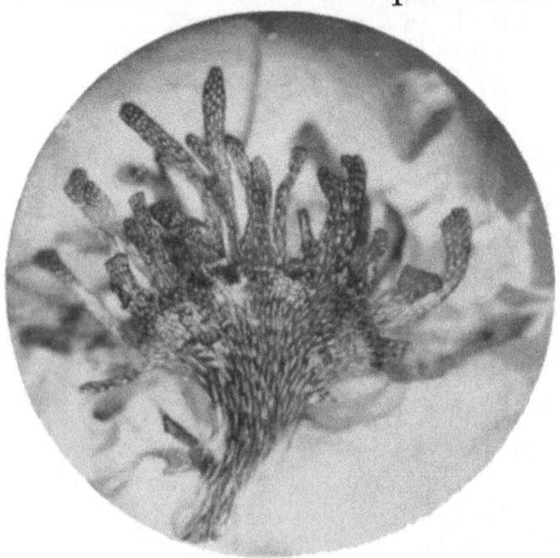

Abb. 10. *Equisetum silvaticum*. Prothallium von
der Unterseite, den Meristemrand zeigend. Vergr. 14.
(Mikrophot.)

Diese Gabeläste können nochmals Seitenzipfel bekommen.

Zellbau und Rhizoiden. Die Zelldifferenzierung steht bei den Schachtelhalmprothallien auf einer niedrigen Stufe. Die meristematischen Zellen sind klein und sehr plasmareich, namentlich die Zellen, die epithelartig um ein Archegon herumliegen. Die älteren Zellen des Prothalliums stellen typische Parenchymzellen mit einem dünnen, wandständigen Cytoplasmabelag und gut sichtbaren Kernen dar. In den Assimilationslappen herrschen langgestreckte
und flache Zellen vor. Chloroplasten finden sich in ihnen besonders zahl-
reich, eigenartigerweise in benachbarten Zellen des öfteren von sehr verschiedener Größe. In Textabb. 11 haben z. B. die Endzellen eines Lappens
bedeutend kleinere Chloroplasten als die nächstfolgenden Innenzellen.
Die Stärkekörner waren meist zusammengesetzt (Textabb. 12).

Die Rhizoiden gehen aus der untersten Zellschicht durch Ausstülpung
hervor (Tafel I, Abb. 17). In der Nähe des Meristems lassen sich die
verschiedensten Entwicklungsstufen beobachten (Tafel VI, Abb. 3
und 4). Der Kern wandert in das Haar hinein und befindet sich bei
einem älteren Stadium in der Nähe der Spitze (Tafel I, Abb. 16). In
einem Fall wurde an einem Rhizoid eine Verzweigung gefunden
(Tafel I, Abb. 18). Wir hatten bereits bei der Keimung eine Abhängigkeit ihrer Länge vom Nährsalzgehalt feststellen können.

Auffallend war das Verhalten der ersten Rhizoiden bei der Keimung.
Einige drangen sofort in das Substrat ein — für die weitere Entwicklung

war dies am günstigsten —, andere blieben zunächst auf der Agarschicht liegen, bis sich schließlich ihre Spitze positiv heliotropisch zeigte. Die dritten wuchsen sofort vom Substrat weg nach oben. Ich habe ähnlich wie BUCHTIEN verschiedene Methoden ausprobiert, konnte aber nicht mit Bestimmtheit feststellen, welche Umstände für dieses Verhalten maßgebend waren. Ich nehme an, daß nicht so sehr die Einwirkung des Lichtes als die Luftfeuchtigkeit hierbei von Einfluß sind. Leider gingen mir Kulturen, bei denen ich die vorhandene Feuchtigkeit über dem Agar durch Bestreichen des Deckels mit konzentriertem Glyzerin oder durch Einlegen von Filtrierpapier herabzusetzen versuchte, vorzeitig ein.

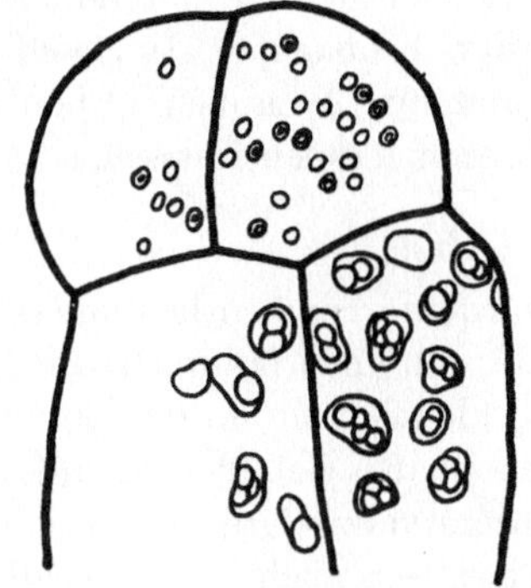

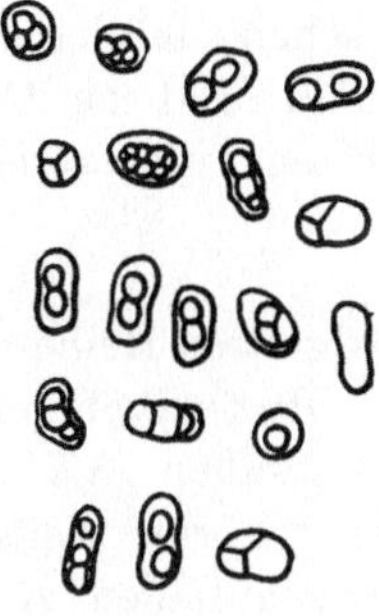

Abb. 11. Endzellen eines Lappens von *Equisetum silvaticum* mit Chloroplasten. Vergr. 725.

Abb. 12. Einzelne Chloroplasten mit Stärkekörnern (*Equisetum silvaticum*). Vergr. 725.

bb) *Archegonentwicklung.*

Schon früher war einmal davon gesprochen worden, daß die weiblichen Geschlechtsorgane stets von den Meristemen der Prothallien gebildet werden. Treffend ist die Angabe HOFMEISTERs: „Die Archegonien entstehen meist auf den Rändern fleischiger Lappen des Prothalliums", wenn man für die Bezeichnung „fleischiger Lappen" Meristem einsetzt. Ich habe bei den regelmäßig sich entwickelnden Formen stets beobachtet, daß zunächst ein Meristem angelegt wird. Erst nachdem es sich zu einem kleinen Polster herangebildet und eventuell schon einige Lappen entwickelt hat, werden Archegonien erzeugt. Eine Zelle des Randes, die sich durch besonders reichen Plasmainhalt auszeichnet, die Archegonmutterzelle, wird durch eine perikline Wand in eine Innenzelle und eine sich vorwölbende Außenzelle, den Deckel, zerlegt. Die weiteren Entwicklungsstadien sind schon des öfteren beschrieben und auf Tafel VIII in den Abb. 7—11 von mir nochmals gezeichnet worden. Die Abb. 1—6 stellen eine Querschnittserie dar. Ich möchte kurz auf die Halskanalzellen hinweisen (Abb. 2—4 und 10 und 11). Es sind deutlich zwei nebeneinanderliegende Zellen zu sehen, von denen eine länger und dicker erscheint als die andere (Abb. 2—4).

Allmählich werden die Archegonien durch das Wachstum des Randes nach der Thallusoberfläche in die Vertikalstellung verschoben. Aus dem Meristemrand können sich also von neuem Archegonien bilden. Sobald ein Archegon auf der oberen Thallusfläche ankommt, ist es fast befruchtungsreif. Nach Wasserzutritt beginnen sich die oberen Halszellen zurückzuschlagen (Tafel VIII, Abb. 12—14). Man findet die fertigen Archegonien meistens in einer Mulde, die von zwei Lappen umgeben ist (Tafel VII, Abb. 7 und 8). Diese Assimilationslappen werden ebenfalls vom Meristemrand gebildet, und dadurch, daß abwechselnd Lappen und Archegonien sich entwickeln, kommen letztere zwischen sie zu liegen. Buchtien gibt an, er habe nur selten zwei Archegonien hintereinander entstehen sehen. Ich habe dies dagegen öfters beobachtet. In einem besonderen Fall fand ich 15 Archegonien und nur 3 Lappen. Ebenfalls konnte ich die Aufeinanderfolge von mehreren Lappen feststellen.

cc) *Antheridienentwicklung.*

In einer ganzen Reihe von Kulturen wurden -- namentlich im ersten Sommer — Prothallien gefunden, die nicht den eben besprochenen Meristemrand besaßen. Sie waren bedeutend kleiner und haufig von recht verschiedener Form. Teils waren es flächenhafte Gebilde, die anfangs dem Substrat auflagen, später aber mit ihrem verzweigten Ende schräg aufwärts wuchsen, teils fadenförmige Objekte, teils auch stark körperlich entwickelte Vorkeime mit mehreren Lappen. Sämtliche Formen trugen nach einiger Zeit (manche schon nach 4—5 Wochen!) männliche Geschlechtsorgane. Diese sind kurz vor der Reife unschwer zu erkennen an den gelblich rötlich gefärbten Kuppen, die meistens in großer Anzahl an der Spitze des Prothalliums sitzen. Hat man erst einige Erfahrungen gesammelt, so erkennt man schon die jüngsten Antheridienstadien und kann von ihnen aus den Entwicklungsgang bis zur Reife verfolgen. Im zweiten Sommer wurde z. B. bei *Equisetum silvaticum* festgestellt, daß bei einem 42 Tage alten Vorkeim (Abb. 9 auf Tafel VII), nachdem schon einige Assimilationslappen gebildet waren, auf der Oberseite ein kleines meristemartiges Polster entstand. Einige Zellen, die sich durch besonders reichen Inhalt auszeichneten, wölbten sich vor und bildeten die Anlage zu einem Antheridium (Abb. 9 auf Tafel VII; Abb. 1 und 2 auf Tafel IX). Die Randzellen wurden noch weiter vorgeschoben und gleichzeitig die Vorwölbungen, in denen die Aufteilung des spermatogenen Gewebes vor sich ging, über die Oberfläche herausgehoben. Unterhalb der noch nicht völlig reifen Antheridien trat ein kleines Meristem auf, hier wurde ein neues Antheridium angelegt und so fort (Abb. 5 auf Tafel IX). Inzwischen wurden die Mantelzellen des zuerst gebildeten bedeutend gestreckt. Dasselbe geschah mit den später angelegten, so daß schließlich ein ganzes Büschel von Antheridien gebildet war (Tafel IX,

Abb. 6 und Textabb. 13). Nicht immer geht die Anlage auf ein massiges, meristemartiges Gewebe zurück. Ich habe bei besonders dürftig ernährten Objekten beobachtet, daß die männlichen Geschlechtsorgane einzeln am Ende einer Verzweigung entstehen können. Selbst einschichtige Lappen können zur Anlage von Antheridien übergehen, nachdem an einer Ecke durch rasche Zellteilung ein mehrschichtiger Komplex gebildet ist. Zusammenfassend kann man sagen, daß die Gestalt der nur antheridientragenden Vorkeime recht verschieden sein kann. Auffällig war dabei ihre geringe Ähnlichkeit mit den im Freien gefundenen Prothallien. Der Behauptung BUCHTIENs, daß ,,die Antheridien ebenso wie die Archegonien auf der Schattenseite entstehen und erst später auf die Lichtseite verrückt werden'', kann ich nicht ganz zustimmen. Ich habe in vielen Fällen beobachtet, daß sie auf der Oberseite des Prothalliumkörpers oder der Lappen (Abb. 1 und 2 auf Tafel IX) — also auf der Lichtseite — gebildet werden. Die von dem sekundär entstehenden Meristem angelegten Antheridien befinden sich allerdings zunächst auf der Schattenseite und werden später auf die Lichtseite gerückt.

Daß nach dem Auftreten der ersten Antheridien sterile Lappen nur noch selten oder wenigstens in kümmerlicher Form auftreten, wurde schon von früheren Untersuchern richtig beobachtet. Nicht zustimmen kann ich aber den Behauptungen, daß das vegetative Wachstum nach

Abb. 13. *Equisetum silvaticum.* Antheridien tragendes Prothallium. Vergr. 10. (Mikrophot.)

Bildung der Antheridien zu Ende sei. Eine Kultur vom 22. V. 1930 entwickelt jetzt noch — Ende November — neue Geschlechtsorgane an Lappen, die unterhalb der älteren Antheridien sich bilden.

Nur kurz soll auf die Entwicklung eines einzelnen Antheridiums eingegangen werden. Die Textabb. 14—17 zeigen mehrere Längsschnitte. Eine Prothalliumzelle wurde durch eine perikline Wand in eine Deckelzelle und eine Zentralzelle geteilt. Letztere bekam in den von mir untersuchten Fällen als nächste Wand eine Perikline (in Abb. 16 sind es sogar zwei). Erst dann erfolgte eine Längsteilung (vgl. MÄCKEL 1924). Die weitere Bildung der spermatogenen Zellen ging ohne bestimmte Gesetzmäßigkeit vor sich. Ich mache noch auf die Teilungen in den benachbarten Prothalliumzellen aufmerksam (Abb. 14 und 16). Die entstehenden Zellen bilden nach Streckung und weiteren Teilungen die Mantelzellen (oder Seitenzellen) des fertigen Antheridiums. Ihre Zahl ist nicht konstant, doch habe ich in vielen Fällen unter dem Deckel acht gezählt

(Textabb. 19). Abb. 21 zeigt ein jüngeres und ein älteres Stadium, bei dem bereits die Zellwände nicht mehr zu erkennen waren. Abb. 22 stellt auf einem Querschnitt Mantelzellen und Inhalt dar. Die Zellen des einen Viertels des spermatogenen Gewebes sind gerade in Teilung begriffen.

Die Deckelzelle wird in den meisten Fällen zunächst durch aufeinander senkrecht stehende Wände geteilt (Abb. 6 auf Tafel IX bei *a*).

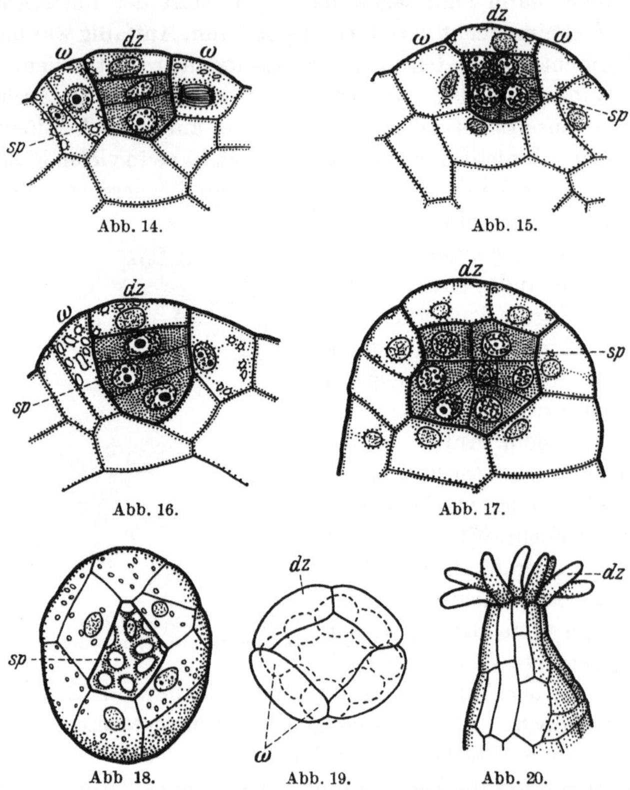

Abb. 14.   Abb. 15.

Abb. 16.   Abb. 17.

Abb 18. Abb. 19. Abb. 20.

Abb. 14—17. *Equisetum palustre.* Längsschnitt durch junge Antheridien. *dz* = Deckelzelle. *sp* = spermatogenes Gewebe. *w* = Wandzellen. Vergr. 363 — Abb. 18. *Equisetum palustre.* Aufsicht auf ein Antheridium (ein Teil des Deckels ist abgeschnitten). *sp* = spermatogenes Gewebe. Vergr. 363. — Abb. 19. *Equisetum silvaticum.* Aufsicht auf ein geöffnetes Antheridium. *dz* = Deckelzellen. *w* = Wandzellen. Vergr. 155. — Abb. 20. *Equisetum silvaticum.* Geöffnetes Antheridium. Die 8 Deckelzellen (*dz*) sind zurückgeschlagen. Vergr. 65.

Beim Heranwachsen des Antheridiums wird ihre Zahl meist auf acht gesteigert (Abb. 6, 7 und 9 auf Tafel IX). Über die Öffnung der Antheridien und die damit verbundenen Quellungserscheinungen hat in neuerer Zeit LUDWIGS (1911) gearbeitet. Abb. 23 a—c zeigen, wie sich allmählich in der Mitte die Deckelzellen längs der zuerst aufgetretenen Teilungswände voneinander lösen. Der Spalt vergrößert sich, in diesem Stadium können bereits die Spermatozoiden austreten. Die Trennung kann so weit gehen, daß die Deckelzellen nur noch an ihrer Basis festsitzen. Dabei krümmen sie sich mit ihrem oberen Ende nach außen, so daß die

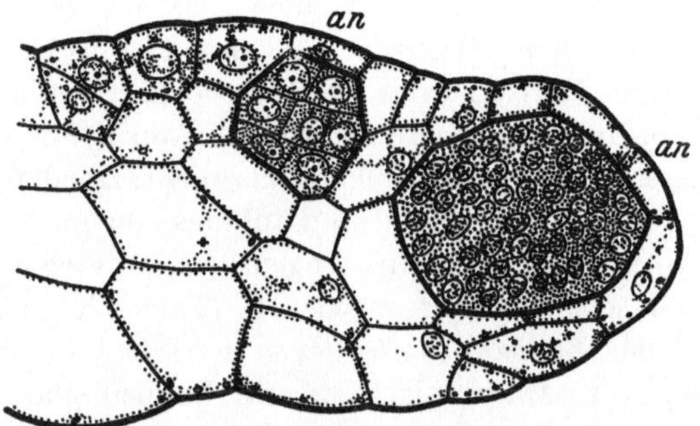

Abb. 21. Längsschnitt durch einen Antheridien (*an*) tragenden Zweig von *Equisetum silvaticum*. Vergr. 335.

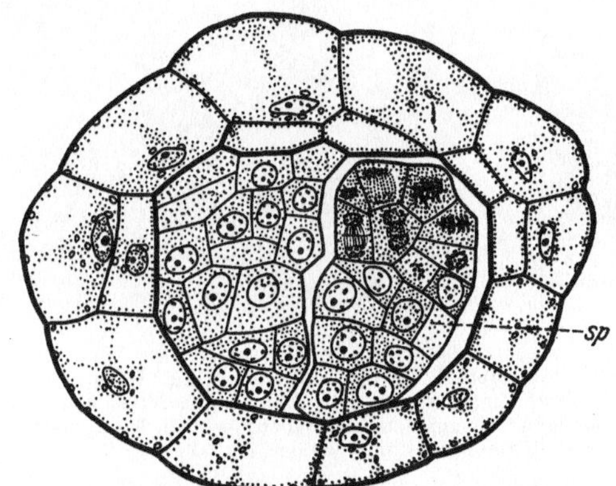

Abb. 22. Querschnitt durch ein Antheridium (*Equisetum silvaticum*). *sp* = spermatogenes Gewebe. Vergr. 335.

bekannten, schon mehrfach beschriebenen „Krönchen" entstehen. Textabb. 20 zeigt die zierliche Form eines geöffneten Antheridiums von

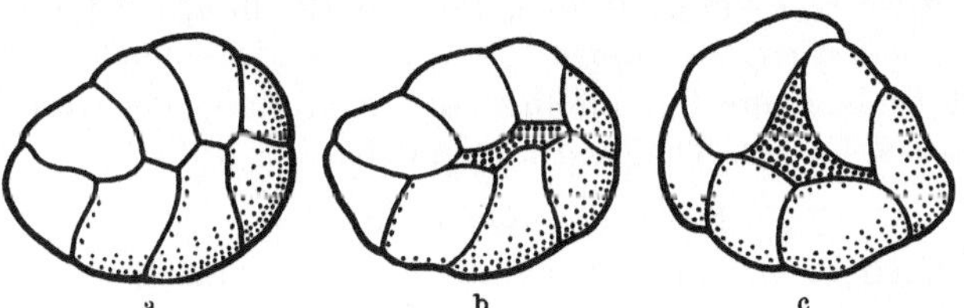

Abb. 23 a—c. Deckel eines Antheridiums von *Equisetum palustre* in Öffnung begriffen. Vergr. 500.

Equisetum silvaticum mit den schmalen, langen acht Deckelzellen. Man vergleiche damit dasjenige von *Equisetum palustre* auf Tafel IX, Abb. 5. In Abb. 4 auf Tafel IX sitzt der Inhalt in Form einer Kugel vor dem Antheridium (Textabb. 24).

Die Prothallien von *Equisetum palustre* und *Equisetum silvaticum* haben im allgemeinen das gleiche Aussehen. Nur bei genauer Beobachtung läßt sich ein habitueller Unterschied zwischen den beiden Arten feststellen. Bei *Equisetum palustre* ist der ganze Thallus viel üppiger entwickelt. Der breite Meristemrand zeigt ein lebhaftes Wachstum. Die aufsitzenden Lappen sind teilweise recht klein (Abb. 25). Noch deutlicher wird der Unterschied bei den nur antheridientragenden Vorkeimen. Bei *Equisetum palustre* beobachtet man anfangs eine große Zahl steriler Lappen. Die Antheridien sitzen an langen dicken Zweigen und sind infolgedessen auch selbst kräftig entwickelt (Tafel IX. Abb. 5 und 9) (Textabb. 26). Bei *Equisetum silvaticum* herrschen recht kleine und zierliche Formen vor. Die wenigen sterilen Lappen sind im Vergleich zu denen der Archegonien erzeugenden Prothallien schmal geblieben.

Abb. 24.   Abb 25.   Abb. 26.

Abb. 24. *Equisetum palustre*. Prothallium mit Antheridien. Der Inhalt sitzt teilweise als Kugel vor dem Antheridium. Vergr. 12. (Mikrophot.) — Abb. 25. *Equisetum palustre*. Prothallium mit Archegonien und Meristemrand. Vergr. 8.5. (Mikrophot.) — Abb. 26. *Equisetum palustre*. Reich verzweigtes Prothalliumstück mit Antheridien. Vergr. 8,5. (Mikrophot.)

Auch die Antheridienanschwellungen, die hier vielfach dichtgedrängt auf gleicher Höhe liegen (Tafel IX. Abb. 8 u. Textabb. 13) oder zu kleinen Büscheln vereint an einem Ast auftreten, bleiben in ihrer Größe hinter denen von *Equisetum palustre* zurück (vgl. Abb. 4 und 5 auf Tafel IX). Auffällig ist bei *Equisetum silvaticum* die Umwandlung der Chloroplasten der antheridientragenden Zweige in Chromo- und Leukoplasten und die wiederholt beobachtete Krümmung oder Einrollung des vorderen mit Antheridien besetzten Thallusstückes (Tafel IX, Abb. 3).

3. Geschlechtsverhältnisse.

Die meisten Beobachter neigen dazu, die Prothallien von *Equisetum* für diözisch zu halten. Man findet zwar viele Vorkeime, die zeitweise nur Archegonien oder nur Antheridien tragen, und ich muß sagen, daß ich auf einem schon frühzeitig Antheridien erzeugenden niemals Archegonien habe sich bilden sehen, während zahlreiche Archegonien tragende Prothallien zur Bildung von Antheridien übergingen. Letztere entstehen ebenfalls aus dem Meristem, und zwar kann der ganze Vorderrand mit Antheridien besetzt sein (Tafel VII, Abb. 7; Textabb. 27), oder aber es wachsen aus dem Meristem an mehreren Punkten kleine fleischige Lappen heraus, die an ihrer Spitze zur Antheridienbildung übergehen. Nachträglich werden die männlichen Geschlechtsorgane wie bei den *nur* Antheridien tragenden Prothallien noch bedeutend über die Thallusoberfläche emporgehoben, so daß man an einem derartigen Prothallium schon makroskopisch die Antheridien erkennen kann (Textabb. 28).

Nachdem bereits Mäckel (1924) die Zwittrigkeit bei *Equisetum arvense* beschrieben hatte, stellte in neuerer Zeit Schratz (1928), ebenfalls bei *Equisetum arvense*, ausführliche Untersuchungen über die Geschlechterverteilung an. Auf Grund seiner Beobachtungen kommt er zu der Fragestellung, ob Monözie oder Androdiözie vorliege. Es war ihm

Abb. 27. *Equisetum palustre.* Thallusstück mit Archegonien und Antheridien. (Die Archegonien sitzen zwischen den Lappen.) Vergr. 8,5. (Mikrophot.)

Abb. 28. *Equisetum palustre.* Zwittriges Prothallium. Vergeilung infolge mangelhafter Beleuchtung. Vergr. 4,5. (Mikrophot.)

ohne wiederholte Regenerationsversuche oder „genetische Analyse" nicht möglich, dieses Problem zu lösen. Nachdem er beide Möglichkeiten gegeneinander abgewogen hat, entscheidet er sich für Monözie. Als ich ebenfalls Zwittrigkeit bei *Equisetum palustre* und *Equisetum silvaticum* feststellte, ging ich (im 2. Jahr) auf diese Tatsache etwas näher ein.

Bei genauer Untersuchung zwittriger Vorkeime habe ich folgende Zahlen von Antheridien und Archegonien auf je einem Prothallium bekommen:

Archegonien	Antheridien	Archegonien	Antheridien
30	76	45	50
29	8	18	27
15	27	16	42
64	52		

Der Übergang zur Antheridienbildung erfolgte bei Vorkeimen mit einer *geringen* Anzahl von Archegonien schon sehr zeitig. Ich vermute, daß solche Prothallien nicht mehr genügend Nährsalze im Agar vorfanden. Schon in früheren Arbeiten wurde darauf hingewiesen, daß das häufige Auftreten von Antheridien tragenden Prothallien auf zu dichte Aussaat, schlechte Belichtung usw., allgemein auf schlechte Ernährungsbedingungen zurückzuführen sei. Ich erhielt ebenfalls bei dichter Aussaat fast nur Antheridien (besonders bei *Equisetum silvaticum*). Die übrigen Kulturen entwickelten selbst bei weiter Sporenaussaat und bei gutem Nährboden Prothallien mit Antheridien oder mit Archegonien durcheinander. Schalen, die nur Vorkeime mit Archegonien enthielten, habe ich niemals angetroffen.

Prothallien, die schon von Anfang an auf Antheridienbildung hinwiesen, wurden auf einen neuen, nährsalzreichen Agarboden verpflanzt. Sie blieben bei einer üppigen Antheridienentwicklung. Umgekehrt bildeten junge Vorkeime mit Anlagen von weiblichen Geschlechtsorganen weiterhin Archegonien, wenn sie auf eine nährsalzarme Agarschicht gebracht wurden. Erst allmählich gingen sie zur Antheridienbildung über.

Ich wiederhole nochmals, daß ich die Zwittrigkeit bei beiden Arten nicht nur vereinzelt beobachtet habe. Man kann behaupten, daß sämtliche Archegonien tragende Prothallien zur Anlage von Antheridien übergehen. In der Regel werden, sobald die ersten Antheridien auftreten, keine neuen Archegonien mehr gebildet. Daß dies nicht sein muß, zeigte mir ein Prothallium von *Equisetum palustre*, bei dem neben der Antheridienbildung an einer anderen Stelle (Lappen) noch weitere Archegonien erzeugt wurden. Ebenso unterbleibt im allgemeinen bei Befruchtung der Archegonien das Auftreten der Antheridien (*Equisetum silvaticum* im Jahre 1930). Ich möchte aber auf eine Beobachtung (April 1930) bei *Equisetum palustre* aufmerksam machen: Ein sehr üppig entwickeltes Prothallium brachte an einem breiten, teilweise stark gelappten Meristemrand Archegonien hervor. Nach einigen Monaten ging ein Teilstück zur Antheridienbildung über. Gleichzeitig wurde auf einem fast diametral gegenüberliegenden Lappen ein Embryo sichtbar.

4. Der junge Sporophyt.

Eine Befruchtung ist leicht zu erreichen, wenn man die Prothallien von oben mit Wasser bespritzt oder eine ganze Kultur mehrere Stunden unter Wasser (abgekochtes und wieder erkaltetes Leitungswasser) setzt. Auf Tafel X ist in den Abb. 1—5 die Entwicklung eines jungen Sporophyten von *Equisetum palustre* dargestellt. Die Beobachtung begann am 18. III. 1930 (Abb. 1). Die folgenden Abbildungen zeigen den Zuwachs nach je 2 Tagen, ausgenommen Abb. 4, die 4 Tage nach Abb. 3 entworfen wurde. Das Prothallium konnte nur teilweise gezeichnet werden. Verschiedene Lappen wurden zur besseren Übersicht wegpräpariert. In Abb. 1 ist bereits die erste Blattscheide des Sporophyten vorhanden. Die zweite ist über dem Vegetationspunkt noch fest geschlossen. In Abb. 2

werden die drei Zähnchen sichtbar, und in Abb. 3 schiebt sich bereits der Vegetationspunkt mit der nächsten Blattscheide wieder vor. In Abb. 5 sind schließlich drei Blattscheiden entfaltet, während die vierte noch den Vegetationspunkt umschließt. In derselben Weise wie die Entwicklung des Sprosses läßt sich von Abbildung zu Abbildung die der Wurzel verfolgen. Abb. 6 zeigt einen Sporophyten mit vier entfalteten Blattscheiden, von denen die zweite bereits von einem Seitenzweig quer durchbrochen wird.

Beim Anfertigen einer Schnittserie wurde der Embryo leider nicht genau quer getroffen. Abb. 7 zeigt den Querschnitt durch die Stammspitze mit vier dreiblättrigen, alternierenden Blattquirlen.

Ich habe bei beiden Arten in der Regel dreiblättrige Kreise beobachtet. In einem einzigen Fall waren bei *Equisetum silvaticum* zunächst nur zwei Zähnchen sichtbar (zweite

Abb. 29. *Equisetum palustre*. Junger Sporophyt auf einem Thalluslappen. Vergr. 8,5. (Mikrophot.)

Blattscheide), während der dritte Blattquirl wieder drei Zacken erkennen ließ. Auf Tafel VIII ist in Abb. 16 ein Sporophyt von *Equisetum silvaticum* abgebildet, bei dem an der ersten und zweiten Blattscheide vier Zähnchen vorhanden sind.

Die jungen Sporophyten beider Arten unterscheiden sich voneinander durch die Form ihrer Blattzähne. Sie sind bei *Equisetum silvaticum* länger und spitzer. Außerdem sind sie bereits an der ersten Scheide gut ausgebildet (vgl. Tafel VIII, Abb. 16 mit Abb. 5 und 6 auf Tafel X).

D. Zusammenfassung der Ergebnisse.

1. Die Sporen von *Equisetum palustre* und *Equisetum silvaticum* keimen auf Agarnährböden. Die Keimung ist abhängig a) vom Alter der Sporen, b) von der Lichtintensität und c) von den Ernährungsbedingungen.

2. Die ersten Keimstadien zeigen nur insofern eine Gesetzmäßigkeit in der Teilung, als eine erste uhrglasförmige Wand den Keimling in das Rhizoid und eine zweite Zelle zerlegt.

3. Die Entwicklung wachsender Vorkeime konnte an einem und demselben Objekt längere Zeit hindurch verfolgt werden, gelegentlich bis zur Antheridienbildung.

4. Durch gleichmäßige Belichtung und durch wiederholtes Umpflanzen auf neue Nährböden wurden Formen erzielt, die den im Freien gefundenen sehr nahe kamen. Ältere Stadien zeigten häufig ein gelapptes Aussehen infolge stärkeren Wachstums einzelner Punkte des Meristemrandes.

5. Die Archegonien werden am Meristemrand gebildet. Beim Ausbleiben einer Befruchtung gehen Archegon tragende Prothallien zur Antheridienbildung über. Beiderlei Sexualorgane tragende Vorkeime haben weniger Ähnlichkeit mit den Formen aus dem Freien, da die Antheridien der Kulturprothallien weit über die Thallusoberfläche emporgehoben werden.

6. In jeder Kultur finden sich Vorkeime, die *nur* Antheridien tragen, bei dichter Aussaat fast ausschließlich. Auf ihnen wurde niemals nachträglich Archegonbildung beobachtet, auch wenn Ernährungsbedingungen und Lichtintensität äußerst günstig gestaltet worden waren. Trotzdem müssen die Prothallien nach meiner Meinung als haplomonözisch gelten.

Die vorliegende Arbeit wurde im Botanischen Institut der Universität Marburg angefertigt. Meinem hochverehrten Lehrer, Herrn Prof. Dr. P. CLAUSSEN, spreche ich meinen ehrerbietigen Dank für das rege Interesse aus, das er stets meiner Weiterbildung entgegengebracht hat.

Literaturverzeichnis.

Allen, R. F.: Studies in Spermatogenesis and Apogamy in Ferns. Trans. Wiscons. Acad. Sci. 17, 1—56 (1911). — **de Bary, A.:** Notiz über die Elateren von *Equisetum.* Bot. Ztg 39, 782 (1881). — **Beer, R.:** The development of the spores of *Equisetum.* New Phytologist 8, 261—266 (1909). — **Bischoff, G. W.:** Bemerkungen zur Entwickelungsgeschichte der Equiseten. Bot. Ztg 11, 97—109 (1853). — **Belajeff, W.:** Über Bau und Entwicklung der Spermatozoiden bei den Gefäßkryptogamen. Ber. dtsch. bot. Ges. 7, 120—125 (1889). — Über die Spermatogenese bei den Schachtelhalmen. Ebenda 15, 339—342 (1897). — Über die Zilienbildner in den spermatogenen Zellen. Ebenda 16, 140—144 (1898). — Über die Centrosome in den spermatogenen Zellen. Ebenda 17, 199—205 (1899). — **Buchtien, O.:** Entwicklungsgeschichte des Prothalliums von *Equisetum.* Bibliotheca botanica 8. Kassel 1887. — **Campbell, D. H.:** Zur Entwicklungsgeschichte der Spermatozoiden. Ber. dtsch. bot. Ges. 5, 120—127 (1887). — The Structure and Development of Mosses and Ferns. New York 1918. — The Embryo of *Equisetum debile.* Ann. of Bot. 42, 717—728 (1928). — **Correns, C.:** Bestimmung, Vererbung und Verteilung des Geschlechts bei den höheren Pflanzen. Handbuch der Vererbungswissenschaften II, C (1928). — **Cramer, C.:** Längenwachstum bei *Equisetum arvense* und *Equisetum silvaticum.* Pflanzenphysiologische Untersuchungen von NÄGELI u. CRAMER 3, 21—32. Zürich 1855. — **Döpp, W.:** Untersuchungen über die Entwicklung von Prothallien einheimischer Polypodiaceen. Pflanzenforschung, herausgegeben von KOLKWITZ 8. Jena 1927. — **Duval-Jouve:** Histoire naturelle des *Equisetum* de France. Straßburg 1864. — **Famintzin, A.:** Knospenbildung bei *Equisetum.* Mélanges biologiques tirés du bullétin de l'Acad. impér. de St.-Pétersbourg 9, 573 ff. (1876). — **Forest Heald, F.:** Condition for the germination of the spores of *Bryophytes* and *Pteridophytes.* Bot. Gaz. 26, 25—45 (1898). — **Gistl, R.:** Gestalt und Lage der ersten Teilungswand in Sporen von *Equisetum* in Lösungen verschiedenen osmotischen Druckes. Ber. dtsch. bot. Ges. 46, 254—266 (1928). — Die Quellung von *Equisetum*-Sporen in Kulturflussigkeiten verschienenen osmotischen Druckes. Ebenda 47, 401—408 (1929). — **v. Goebel, K.:** Organographie der Pflanzen, 3. Aufl., 2. Teil, 2. Heft: Pteridophyten. Jena 1930.

— **Guignard, L.**: Sur les Antherozoides des *Marsilia* et des Equisétacées. Bull. Soc. bot. France **36.** 378—383 (1889). — **Hoffmann, D. G. F.**: *Equisetum pratense.* Phytogr. Bl. Göttingen 1803. — **Hofmeister, W.**: Vergleichende Untersuchungen höherer Crypotgamen, S. 89—102. Leipzig 1851. — Über die Keimung der Equisetaceen. Flora **25,** 385—388. Regensburg 1852. — Über die Entwicklung der Sporen von *Equisetum.* Jb. f. wiss. Bot. **3,** 283—291 (1863). — **Ikeno, S.**: Blepharoplasten im Pflanzenreich. Biol. Zbl. **24,** 211—221 (1904). — **Janczewski, E.**: Vergleichende Untersuchungen über die Entwicklungsgeschichte des Archegoniums. Bot. Ztg **30,** 419 (1872). — **Jeffrey, E. C.**: The development, structure and affinities of the genus *Equisetum.* Mem. Boston Soc. Natur. Hist. **5,** 155—199. Boston 1899. — **Kashyap S. R.**: The structure and development of the prothallus of *Equisetum debile.* Ann. of Bot. **28,** 163—181 (1914). — Notes on *Equisetum debile.* Ebenda **31,** 439—445 (1917). — **Kny, L.**: Einfluß von Druck und Zug auf die Richtung der Scheidewand. Ber. dtsch. bot. Ges. **14,** 387—391 (1896). — **Leitgeb, H.**: Über Bau und Entwicklung der Sporenhäute. Graz 1884. — **Lidforss, B.**: Über die Chemotaxis der *Equisetum*-Spermatozoiden. Ber. dtsch. bot. Ges. **23,** 314—316 (1905). — **Ludwigs, K.**: Untersuchungen zur Biologie der Equiseten. Flora **103,** 385—440 (1911). — **Mäckel, H. G.**: Zur Kenntnis der späteren Entwicklungsstadien der Prothallien von *Equisetum arvense.* Repertorium specierum novarum regni vegetabilis. Beih. 28. 1924. — **Milde, J.**: De sporarum Equisetorum germinatione. Inaug.-Diss. Breslau 1850. — Das Auftreten der Archegonien am Vorkeime von *Equisetum telmateja.* Flora **32,** 497—500 (1852). — Beiträge zur Kenntnis der Equiseten. Nova acta Acad. Caes. Leop.-Carol. **23,** 557—612. Breslau u. Bonn 1852. — Zur Entwicklungsgeschichte der Equiseten und Rhizokarpen. Ebenda **23,** 614—646 (1852). — Index Equisetorum. Verh. zool.-bot. Ges. **14,** 393 ff. Wien 1864. — Index Equisetorum. Nachtrag. Ebenda **15,** 909 ff. Wien 1865. — Monographia Equisetorum. Nova acta Acad. Caes. Leop. Carol. **24,** 2 ff. (1867). — **Müller, C.**: Über den Bau der *Equisetum*-Scheiden. Jb. f. wiss. Bot. **19,** 497—579 (1888). — **Nienburg, G.**: Die Wirkungen des Lichtes auf die Keimung der Equisetensporen. Ber. dtsch. bot. Ges. **42,** 95 bis 99 (1924). — **Nishida, G.**: Untersuchungen über die Wasserausscheidung von *Equisetum.* Botanic. Mag. **27,** 170—172. Tokio 1913. — **Osterhout, W. J. V.**: Über die Entstehung der karyokinetischen Spindel- bei *Equisetum.* Jb. f. wiss. Bot. **30,** 159—168 (1897). — **Perrin, G.**: Sur les prothalles d'*Equisetum.* C. r. Acad. Sci. Paris **153,** 197—199 (1911). — **Pringsheim, K.**: Notiz über die Schleuderer von *Equisetum.* Bot. Ztg **1853,** 241—244. — **Pulle, A.**: Equisetaceae. Nova Guinea 8, Bot. Liefg 4, 619 ff. (1912). — **Roze, E.**: Les anthérozoides des cryptogames. Ann. des Sci. natur. (Bot.) **15,** 95—99 (1867). — **Russow, E.**: Mém. Acad. imp. Sci. **19,** 140. St.-Pétersbourg 1873. — **Sadebeck, R.**: Die Antheridienentwicklung der Schachtelhalme. Sitzgsber. Ges. naturforsch. Freunde Berl. **1875.** — Der Embryo von *Equisetum.* Bot. Ztg **35,** 44—46 (1877). — Die Entwicklung des Keimes der Schachtelhalme. Jb. f. wiss. Bot. **11,** 575—602 (1878). — Kritische Aphorismen über die Entwicklungsgeschichte der Gefäßcryptogamen. Bot. Ztg **38,** 93—95, 103—107 (1880). — Die Gefäßcryptogamen. Schenks Handbuch der Botanik, S. 147—326. Breslau 1881. — Equisetaceae. ENGLER u. PRANTL, Die natürlichen Pflanzenfamilien I, 4, 520—548. 1900. — **Sanio, C.**: Beitrag zur Kenntnis der Entwicklung der Sporen von *Equisetum palustre.* Bot. Ztg **14,** 177—185, 193—200 (1856). — **Schottländer, P.**: Beiträge zur Kenntnis des Zellkerns und der Sexualzellen bei den Cryptogamen. Beitr. Biol. Pflanz. **6,** 267—304 (1893). — **Schratz, E.**: Untersuchungen über die Geschlechtsverteilung bei *Equisetum arvense.* Biol. Zbl. **48,** 617—659 (1928). — **Schulz, N.**: Über die Einwirkung des Lichtes auf die Keimfähigkeit der Moose, Farne und Schachtelhalme. Beih. Bot. Zbl. **11,**

81—97 (1902). — **Sethi, M. L.**: Contributions to the Life-history of *Equisetum debile*. Ann. of Bot. **42**, 729—739 (1928). — **Sharp, L. W.**: Spermatogenesis in *Equisetum*. Bot. Gaz. **54**, 89—118 (1912). — **Shibata, K.**: Über die Chemotaxis der Pteridophyten-Spermatozoiden. Jb. f. wiss. Bot. **49**, 1—60 (1911). — **Stahl, E.**: Einfluß der Beleuchtungsrichtung auf die Teilung der Equisetensporen. Ber. dtsch. bot. Ges. **3**, 334—340 (1885). — **Stephan, J.**: Entwicklungsphysiologische Untersuchungen an einigen Farnen. Jb. f. wiss. Bot. **70**, 707—741 (1929). — **Thuret, G.**: Notes sur les anthéridies des Fougères. Ann. des Sci. natur., III. sér., **11**, 1—12 (1849). — Anthéridies des Equisétacées. Ebenda, **16**, 31—32 (1851). — **Tomaschek, A.**: Zur Entwicklungsgeschichte von *Equisetum*. Sitzgsber. ksl. Akad. Wiss. **75**, 181—202. Wien 1877. — **de Vries, H.**: Keimungsgeschichte des roten Klees. Opera e periodicis collata III, 82 ff. Utrecht 1918. — **Walker, E. R.**: The gametophytes of *Equisetum laevigatum*. Bot. Gaz. **71**, 378 — 392 (1921). — **Zacharias, E.**: Über die Spermatozoiden. Bot. Ztg. **39**, 827—837, 846—852 (1881).

Tafelerklärung.

Alle Abbildungen wurden mit einem Abbeschen Zeichenapparat aufgenommen. Bei den Entwicklungsreihen ist die Vergrößerung stets die gleiche.

Tafel I.

Abb. 1—13 beziehen sich auf *Equisetum silvaticum*, Abb. 14 u. 15 auf *Equisetum palustre*. Vergr. 125.

Abb. 1—4. Keimende Sporen, 24 Stunden nach der Aussaat.

Abb. 3. Keimende Sporen auf 2,5fach konzentriertem Nährboden nach A. Meyer.

Abb. 5. 2 Tage altes Keimstadium.

Abb. 6 u. 7. 3 Tage altes Keimstadium.

Abb. 8. 4 Tage altes Keimstadium.

Abb. 9 u. 10. 6 Tage altes Keimstadium.

Abb. 11—13. 12 Tage altes Keimstadium.

Abb. 14 u. 15. 10 Tage altes Keimstadium.

Abb. 16. Spitze eines Rhizoids. Vergr. 125.

Abb. 17. Entstehung der Rhizoiden. Vergr. 125.

Abb. 18. Verzweigtes Rhizoid. Vergr. 125.

Abb. 1 a—15 a. *Equisetum silvaticum*. Entwicklung eines Prothalliums von einem dreizelligen Stadium aus. Nähere Erklärung im Text. Vergr. 50.

Tafel II.

Abb. 1—20. *Equisetum silvaticum*. Entwicklungsgang eines langgestreckten, etiolierten Prothalliums. Vergr. 50.

Tafel III.

Abb. 1—19. *Equisetum silvaticum*. Entwicklungsgang eines Prothalliums bis zur Antheridienanlage (*an*). Vergr. 50.

Tafel IV.

Abb. 1—21. *Equisetum palustre*. Entwicklungsgang eines körperlichen Vorkeims. Vergr. 50.

Tafel V.

Abb. 1—13. *Equisetum palustre*. Entwicklungsgang eines flächenförmig ausgebreiteten Prothalliums. Genaue Beschreibung im Text. Vergr. 50.

Tafel VI.

Abb. 1—5. *Equisetum palustre.* Tangentialschnittserie eines 10 Monate alten Prothalliums, von dem Meristemrand aus nach den ältesten Zellen des Vorkeims vorschreitend. Bei *A* ein Archegon, bei *R* Rhizoiden im Schnitt getroffen. Vergr. 90.

Tafel VII.

Abb. 1 u. 2. 75 Tage alte Vorkeime von *Equisetum silvaticum* von der Unterseite gezeichnet. In Abb. 1 wird der gesamte Vorderrand von meristematischen Zellen eingenommen (*M*), Abb. 2 weist zwei getrennt liegende Meristeme (*M* und *M'*) auf. Vergr. 50.

Abb. 3—5. Jüngere Prothallien von *Equisetum palustre,* von der Unterseite gezeichnet. Die stark umrandeten Zellpartien zeigen die beginnende Meristembildung an. Vergr. 50.

Abb. 6. Prothallium von *Equisetum palustre* mit dem Meristemrand *M*, mit den daraus hervorgegangenen Lappen I, II und III und den Assimilationslappen *A* und *B*, die bereits vor der Meristemausbildung vorhanden waren. Vergr. 45.

Abb. 7. Teil eines zwittrigen Prothalliums von *Equisetum palustre* (6 Monate nach der Aussaat). Der gesamte Vorderrand ist zur Antheridienbildung übergegangen. *ar* = Archegon; *an* = Antheridium; *l* = Lappen. Vergr. 45.

Abb. 8. Archegonien tragendes Prothalliumstück von *Equisetum palustre* (*ar* = Archegon). Vergr. 45.

Abb. 9. 40 Tage altes Prothallium von *Equisetum silvaticum* mit Antheridienanlagen (*an*) auf der Oberseite. Vergr. 50.

Tafel VIII.

Abb. 1—6. Querschnitte durch ein Archegon. *H* = Halszellen, *HK* = Halskanalzellen. *BK* = Bauchkanalzelle, *E* = Eizelle. Vergr. 290.

Abb. 7—11. Längsschnitte durch ein Archegon. *D* = Deckelzellen, *H* = Halszellen, *HK* = Halskanalzellen, *BK* = Bauchkanalzelle, *E* = Eizelle. Vergr. 290.

Abb. 12—14. Habitusbilder von Archegonien. Bei Abb. 13 und 14 die Halszellen *H* „ankerförmig" zurückgeschlagen. Vergr. 50.

Abb. 15. Meristemzellen (mit Archegonien *ar*) von unten betrachtet. (Rhizoiden sind wegpräpariert.) Vergr. 50.

Abb. 16. Junger Sporophyt von *Equisetum silvaticum.* *S* = Blattscheide, *W* = Wurzel, *P* = Prothallium. Vergr. 12.

Tafel IX.

Abb. 1 u. 2. Junge Prothallien von *Equisetum silvaticum* mit Antheridienanlagen (*an*). Vergr. 65.

Abb. 3 u. 4. Antheridien (*an*) tragende Äste von *Equisetum silvaticum*. Abb. 3 zeigt die charakteristische Einrollung des vorderen Thallusstückes. *sp* = Gallertblase mit Spermatozoiden, *dz* = Deckelzellen. Vergr. 65.

Abb. 5 u. 6. Antheridien (*an*) tragende Äste von *Equisetum palustre*. *dz* = Deckelzellen; *w* = Wand- oder Mantelzellen, *K* = geöffnetes Antheridium Vergr. 65.

Abb. 7. Einzelnes Antheridium von *Equisetum silvaticum*. *dz* = Deckelzellen; *w* = Wand- oder Mantelzellen. Vergr. 65.

Abb. 8. Prothallium von *Equisetum silvaticum* mit einem Antheridienstand. *dz* = Deckelzellen, *w* = Wand- oder Mantelzellen, *sp* = spermatogenes Gewebe. Vergr. 35.

Abb. 9. Einzelnes Antheridium von *Equisetum palustre*, schräg von oben gezeichnet. *dz* = Deckelzellen. Vergr. 65.

Tafel X.

Abb. 1—5. Junger Sporophyt von *Equisetum palustre*, fortlaufend beobachtet. (Das Prothallium wurde teilweise entfernt.) S = Blattscheide, Bz = Blattzähnchen, W = Wurzel. Vergr. 12.

Abb. 6. Junger Sporophyt von *Equisetum palustre* mit einem Seitenzweig (Sz). Vergr. 12.

Abb. 7. Querschnitt durch die Stammspitze eines Embryos von *Equisetum palustre*. Sch = Scheitelzelle, S = Blattscheide. Vergr. 112.

Abb. 8. Skizze eines Prothalliums von *Equisetum palustre*, von der Flanke aufgenommen. M = Meristemrand, R = Rhizoiden. Vergr. 9.

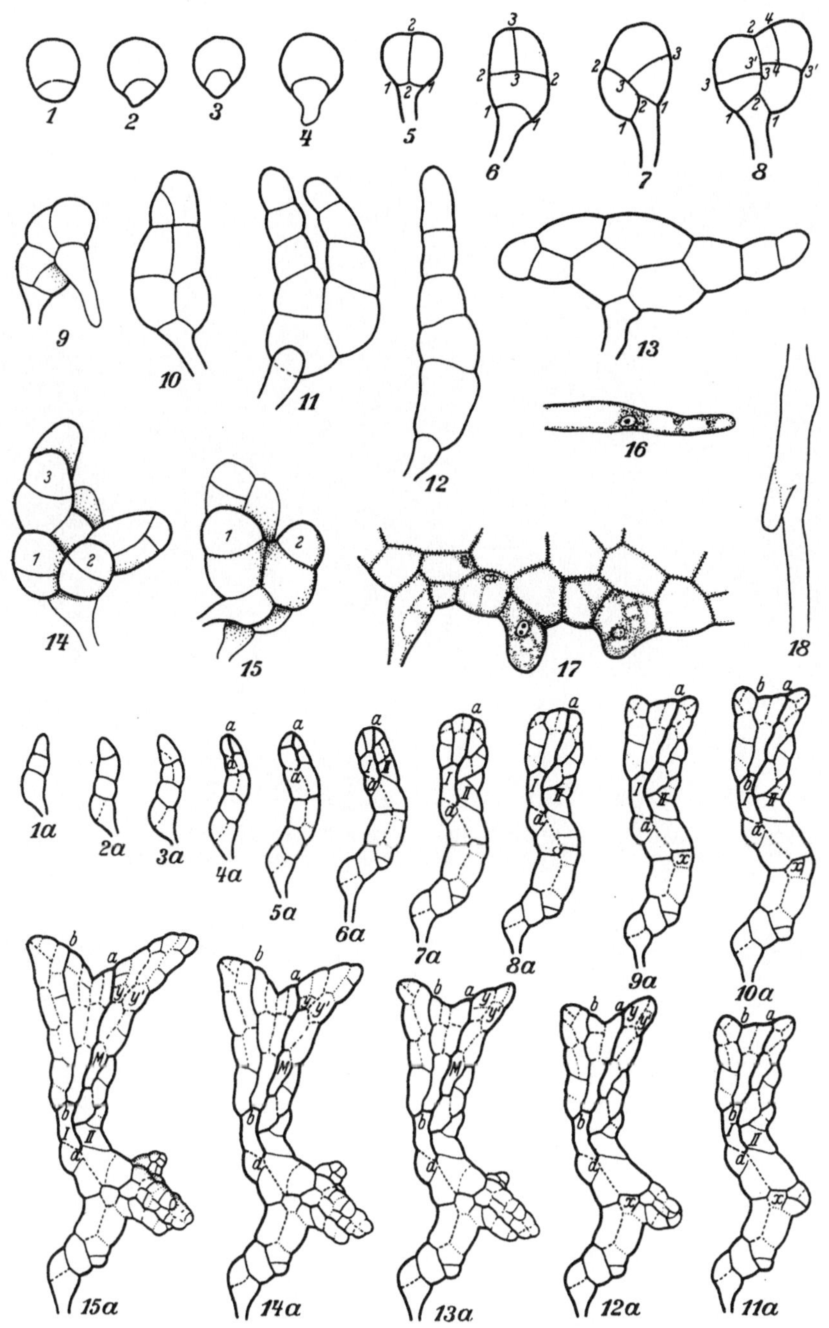

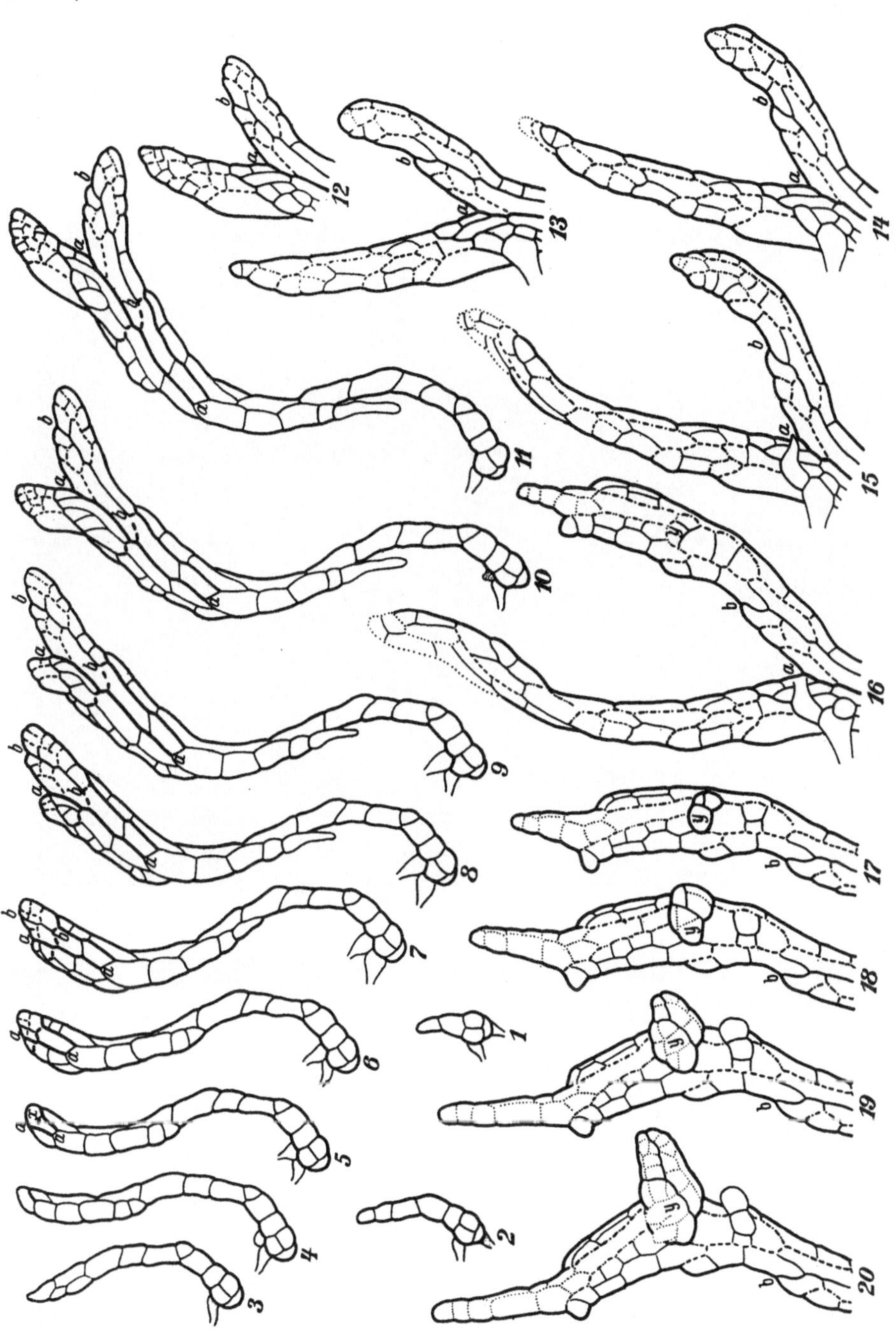

J. Rumberg, Entwicklungsgeschichte der Prothallien.

Verlag von Julius Springer in Berlin.

Additional material from *Entwicklungsgeschichte der Prothellien von Equisetum silvaticum L. und Equisetum palustre L.*,
ISBN 978-3-662-40909-1 (978-3-662-40909-1_OSFO1),
is available at http://extras.springer.com

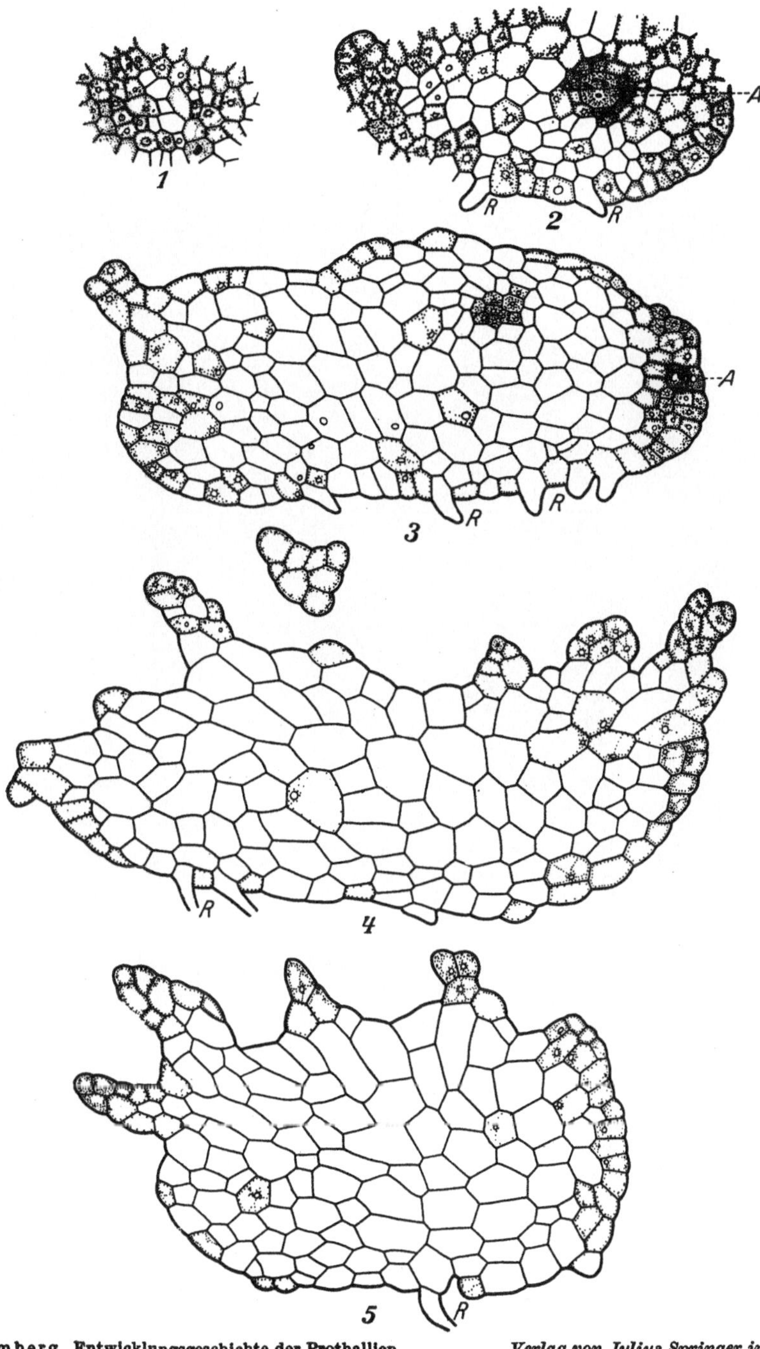

Additional material from *Entwicklungsgeschichte der Prothellien von Equisetum silvaticum L. und Equisetum palustre L.,*
ISBN 978-3-662-40909-1 (978-3-662-40909-1_OSFO2),
is available at http://extras.springer.com

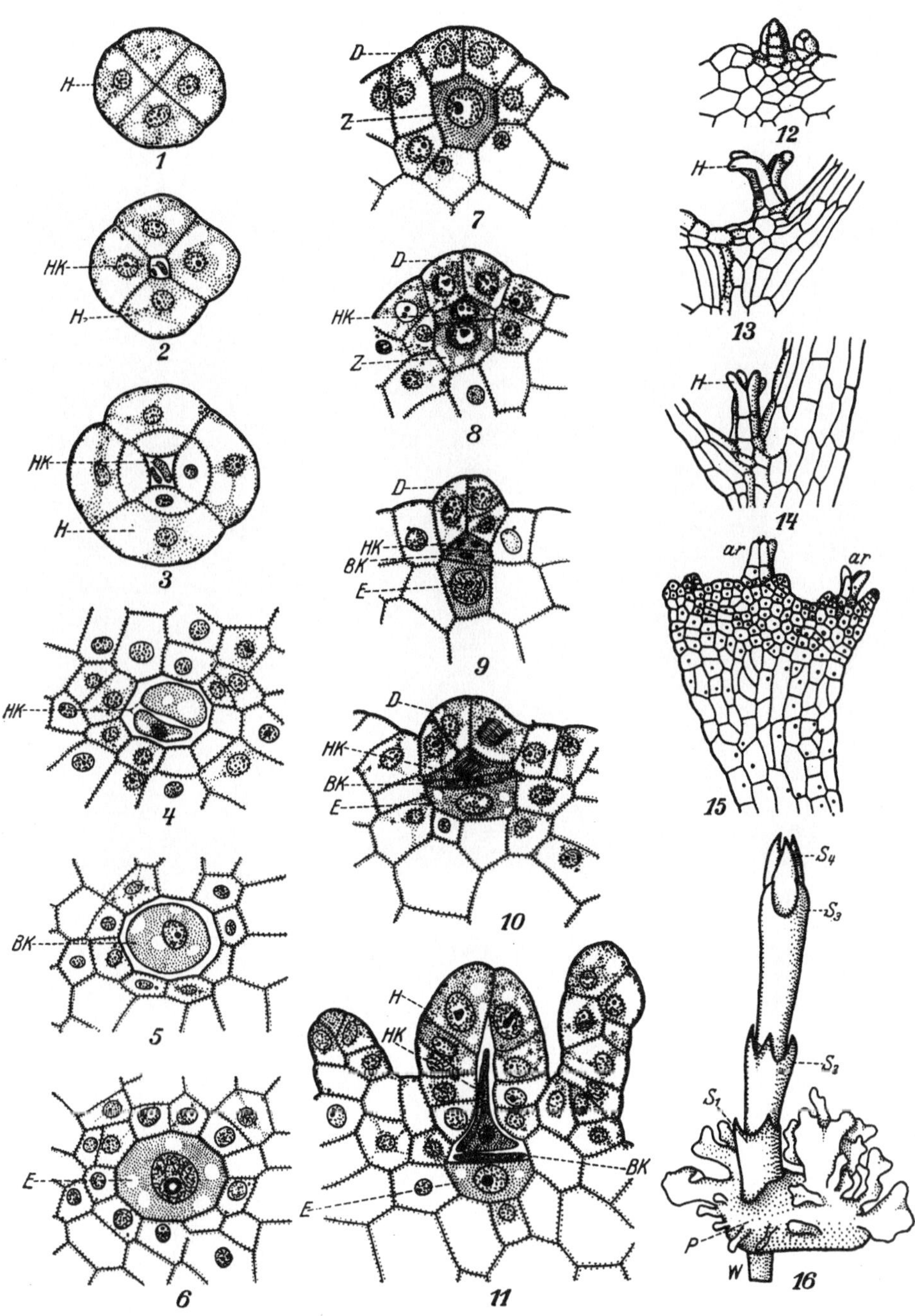

H
1
HK
H
2
HK
H
3
HK
4
BK
5
E
6
D
Z
7
D
HK
Z
8
D
HK
BK
E
9
D
HK
BK
E
10
H
HK
BK
E
11
12
H
13
H
14
ar
ar
15
S4
S3
S2
S1
P
W
16

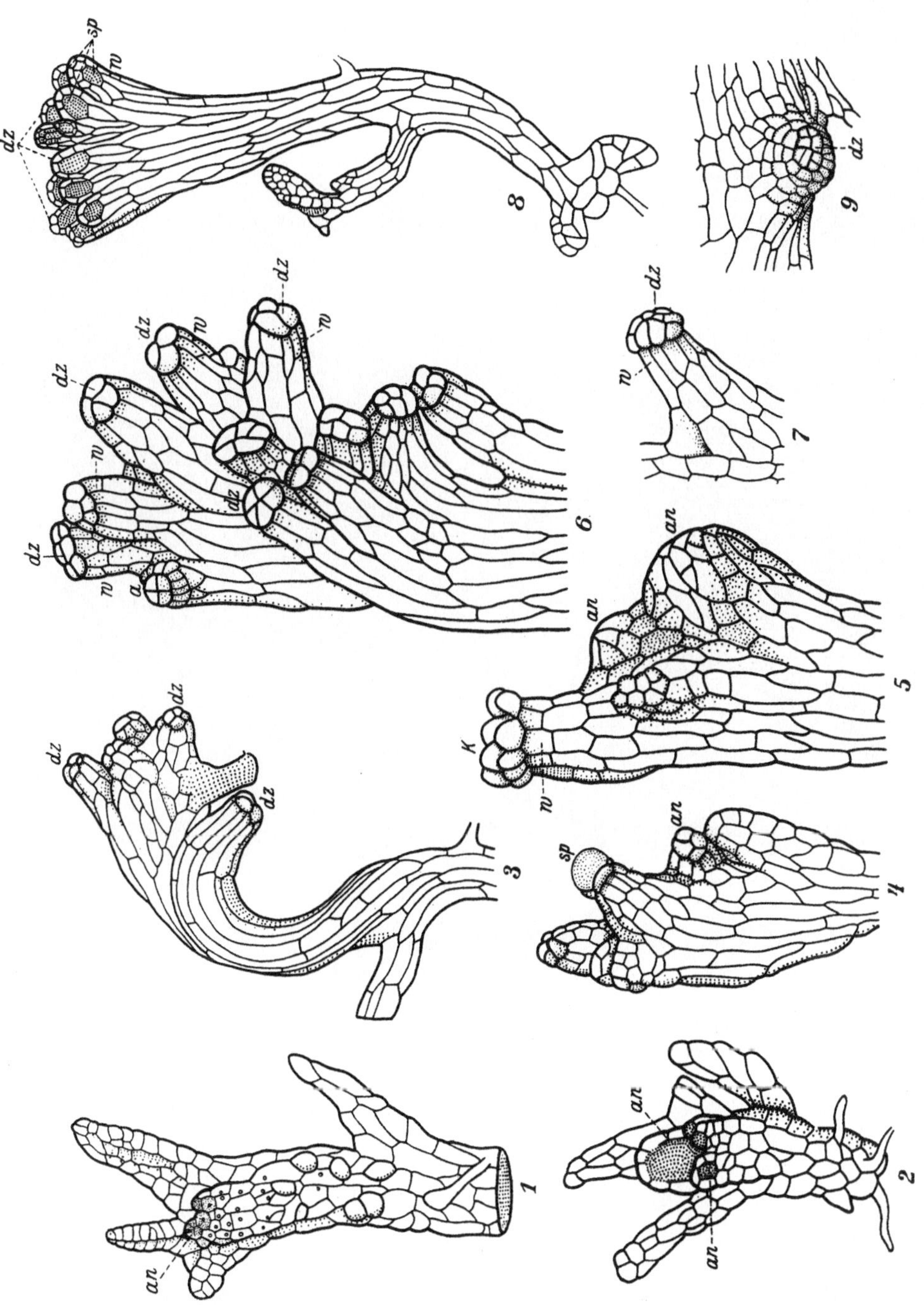

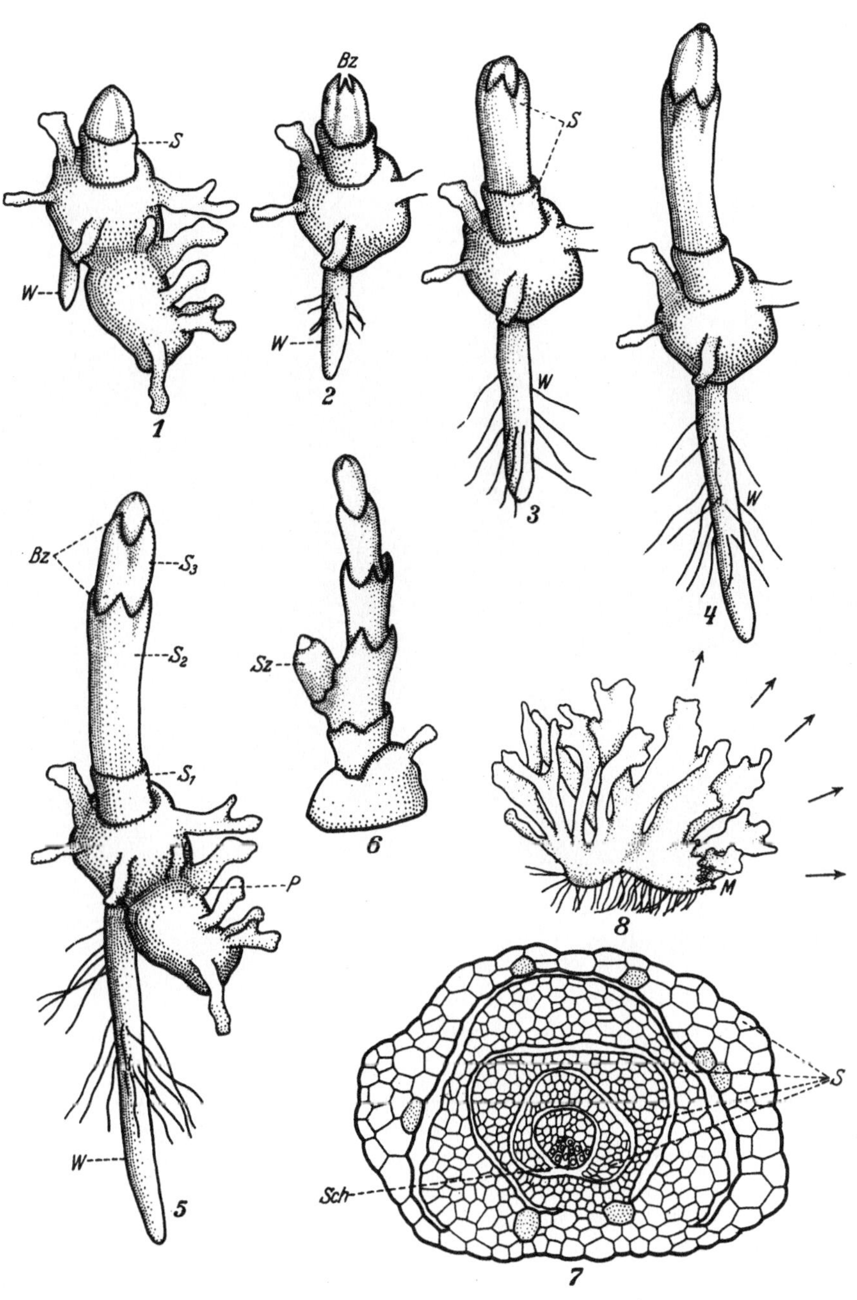

Bz
S
Bz
S
S
W
W
W
W
Bz
S_3
S_2
S_1
Sz
P
S
W
M
Sch
S
1
2
3
4
5
6
7
8

Lebenslauf.

Ich, Hermann Johannes Rumberg, wurde am 23. November 1903 in Bernsbach (Erzgeb.) geboren. Ich besitze die sächsische Staatsangehörigkeit und bin evangelischen Bekenntnisses.

Nach dreijähriger Vorbereitung auf dem Progymnasium in Aue (Erzgeb.) besuchte ich von 1917—1923 die Fürsten- und Landesschule zu Grimma (Sa.) und legte dort die Reifeprüfung ab.

Nach dreijähriger praktischer Tätigkeit in verschiedenen Apotheken studierte ich von Ostern 1926 bis Ostern 1928 Pharmazie an der Universität Marburg. Nach bestandenem Staatsexamen wandte ich mich dem Studium der Botanik zu und fertigte von Mai 1929 bis zum Wintersemester 1930/31 vorliegende Arbeit an. Das Rigorosum bestand ich am 28. Januar 1931. Seit 1. April bin ich in der Ratsapotheke zu Hildesheim tätig.

Meine akademischen Lehrer waren: Professor Dr. Claussen, Professor Dr. M. Nordhausen, Professor Dr. J. Gadamer †, Professor Dr. K. Brand, Professor Dr. E. Grüneisen, Professor Dr. C. Schaefer.